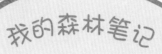

我的森林笔记

春夏秋冬，天天与大自然亲近的文字，
致敬经典《森林报》

制造红叶

刘保法/著

山东教育出版社

图书在版编目（CIP）数据

制造红叶 / 刘保法著. —济南 ：山东教育出版
社，2017（2020.11 重印）
（我的森林笔记）
ISBN 978-7-5328-9774-2

Ⅰ.①制… Ⅱ.①刘… Ⅲ.①森林—普及读物
Ⅳ.①S7-49

中国版本图书馆CIP数据核字（2017）第120778号

制造红叶

著　　者	刘保法	
总 策 划	上海采芹人文化	
选题统筹	王慧敏　魏舒婷	
责任编辑	王　慧	
特约编辑	魏舒婷　顾秋香	
摄　　影	刘保法	
绘　　画	夏　树	
装帧设计	采芹人 插画·装帧　王　佳　李　旖 http://blog.sina.com.cn/cqr2666	
主　　管	山东出版传媒股份有限公司	
出版发行	山东教育出版社	
	（山东省济南市纬一路 321 号　邮编 250001）	
电　　话	（0531）82092664	
传　　真	（0531）82092625	
网　　址	sjs.com.cn	
印　　刷	保定市铭泰达印刷有限公司	
版　　次	2017 年 7 月第 1 版　2020 年 11 月第 2 次印刷	
规　　格	710 mm×1000 mm　16 开本	
印　　张	8.5	
印　　数	15 001-30 000	
字　　数	100 千字	
书　　号	ISBN 978-7-5328-9774-2	
定　　价	20.00 元	

（如印装质量有问题，请与印刷厂联系调换，电话：0312-3224433）

买了一个森林（代前言）

朋友问我，你现在住哪儿？我说住在一个森林里。朋友说，别开玩笑，市中心哪来的森林？我说我确实拥有一个森林，房子不算大，也不算豪华，但所处的森林却很大。

许多人都知道，我买房最看重的就是绿化。寻寻觅觅好几年没有如愿，都是因为绿化不行，抑或路途太远……最后终于在闹中取静的市中心，看中了这套居所。说来还真有点儿自豪，这套居所正好面对一片景观森林。鬼使神差，后来这片景观森林前面的两幢计划中的高楼，突然停建，又改建成了一片景观森林。于是我福运高照，拥有了两片景观森林合并一处的莽莽绿地。住在这套居所里，推窗便见绿，视野开阔；出门走进森林，一路郁郁葱葱，是不是等于住在一片森林里呢？

一个挥之不去的森林情结，就这么引导我下决心买下这套房。我买这套房，看中的就是这片森林。与其说买了一套房子，不如说买了一片森林。

我的森林情结，源于童年的秘密花园——一片独享的小树林。

关于那个秘密花园，我已经写过许多文章。在那里，我种桃树，种李树，种葡萄，和大自然分享成长的秘密；我捉鱼虾，逮鸟儿，挖城堡，给我的贫穷童年带来了精神上的富足；我在我的"树上阅览室"读书，我钻

1

进草丛倾听昆虫唱歌……它是我的童年乐园、幻想之地，它使我的心灵生活充满乐趣和梦幻，即使在黑夜里也能闪现温馨的亮光。

一个人如果在童年拥有一片"自己的森林"，那么这片森林一定会枝繁叶茂地活在他的记忆里，净化灵魂，丰富情致，使他变得优雅，变得有情、有趣、有爱心。

记得进城没多久，我就为母亲在老家的老屋门前开辟了一个花园。我到处寻觅树苗，在花园里种上了樟树、棕榈树、葡萄、冬青和月季花、蔷薇花等。每次带着女儿回老家，跟母亲坐在花园里聊天，那是我最幸福的时光。

我每搬一次家，都要跟旧楼院子里的树木，举行告别仪式；而在新居的院子里，我会重新寻找一个适合种树的地方。记得有次我从广州带回来一些鸡蛋果，吃了鸡蛋果后，把果核种在楼下院子里，第二年还真长出了幼苗。可是物业工人不识鸡蛋果，把它们当作杂草锄掉，让我可惜了好一阵。而我跟女儿共同栽种的

那棵枇杷树，倒是顺利长大，粗壮茂盛。女儿还将一只死去的大山龟埋葬在树下。过了几年，枇杷树竟然结满了黄澄澄的果实。物业工人喜出望外，马上挂出牌子：不许采摘，违者罚款。女儿抱怨，我们种的枇杷树，怎么变成他们的了？我说，又不是私家花园，怎么说得清？不过看着有人喜欢，你心里肯定也很开心，对吧？这就够了，这就是枇杷树给你的回报！女儿不再抱怨，每次进进出出从树旁走过，跟人们共享着黄澄澄的枇杷果带来的快乐！

　　几十年来，我养成了一个习惯：每到一个地方，总要想方设法寻找那里的古树。我相信，有古树的地方必定有故事。我把它们拍摄下来，收藏在相册里，不知不觉已经累积了厚厚一大本。我取名《我的树兄树弟》，还写下了对它们的深情赞美……

　　一个对大自然、对森林充满敬畏、充满爱的人，上帝总会赐予他一些什么。于是，在我即将退休的时刻，幸运地买到了这片森林。有些事情真的很难说清，童年拥有一片小树林，退休后又拥有一片森林，好像冥冥之中注定了似的，让我找回我的秘密花园，回到童年，再次享受童年的乐趣。每每想到这些，我就会流泪。我不能不珍惜这种赐予。我几乎每天都要去森林，看望我的树兄树弟，除了出差在外（而出差回来的第一件事，便是去森林看看）。有时我几乎一天要去几次。我跟它们亲切交谈，询问它们生活得怎样，有没有困难。我拍拍它们的肩，摸摸它们的脸，倾听它们唱歌、呻吟和叹息。我经常写《森林笔记》，观察它们的生长情况，把每一个细小变化、每一个有趣故事都记录下来。我已经完全融入了森林，感觉自己也已经成为其中一棵树……我知道哪几棵树有枝叶枯萎了，哪几棵树被风吹倒了；我知道哪根枝条适合哪种姿势，哪棵树需要修剪……我即使闭上眼睛，也能说出树兄树弟们的模样和所在的位置，我对我这片森林的家底，真可以说是了如指掌：

桂花树一百棵、松柏树两百棵、樟树七十棵、银杏七十棵、榉树二十四棵、含笑五十棵、白玉兰十五棵、广玉兰十五棵、红叶李二十棵、月桂三十棵、樱花十棵、茶花八十棵、垂丝海棠十五棵、紫薇八棵、红枫十棵、青枫五棵、铁树六棵、结香五棵、紫荆六棵、柳树两棵、合欢两棵、杨梅十棵、梅树五棵、梨树两棵、橘子树两棵、鹅掌楸五棵、雪松三棵……还有竹林七片、大草坪一片，还有自然生长的桑树、枇杷、女贞……还有杜鹃、天竺、迎春、茶梅、海桐、龙柏、石楠、黄馨、栀子花、金叶女贞、红花金毛、八角金盘、瓜子黄杨、阔叶十大功劳、洒金东瀛珊瑚、冬青等灌木花丛，不计其数。还有草本花卉、野花野草，数不胜数……

我想大家应该理解我的心意，我之所以不厌其烦地写出它们的名字，就是想让它们知道，无论何时，我都没有忘记它们！

我一直认为，树木是有灵魂的。法国历史学家米什莱在《大自然的诗》里说：树木呻吟、叹息、哭泣，宛如人声……树木，即使完好无损，也会呻吟和悲叹。大家以为是风声，其实往往也是植物灵魂的梦幻……澳洲土著告诉我们，树木花草喜欢唱歌，它们日夜唱歌供养我们，可惜（高傲的）人类有耳不闻……贾平凹在《祭父》一文中写道：院子里有棵父亲栽的梨树，年年果实累累，唯独父亲去世那年，竟独独一个梨子在树顶……这就对了，树木的喜怒哀乐，树木的仁心爱心，跟人是一样的。所以说，人追求诗意居住的最高境界，不仅是美化环境，更应是自己的灵魂与森林的相互融合。达到了这个境界，人在森林里便是超然的。人无法成为永恒，但人的灵魂却因为森林而能成为永恒。这时，哪怕只是一棵树，在你的眼里，也是一片森林。人有了这样的森林，心灵就不会荒芜！

目录

十 月

十一月

秋天在写诗

对一些落叶树的叶子来说，秋天是它们一生中最后的岁月。所以它们非常珍惜，总是竭尽全力、激情四射地表演，希望这种表演成为色彩斑斓、光彩照人的最精彩华丽的谢幕！

对叶子这种生命的表演，你还会熟视无睹、无动于衷吗？

于是，我又一次来到了森林公园。

老鼠也在写诗吗

大约是十月下旬吧，森林就像打翻的画盘，到处都是色彩，到处都是诗——

层层叠叠的红枫叶，跟金黄斑驳的银杏树，热烈拥抱握手，然后悄悄地说着永诀的话，那是一首诗；

五彩的落叶在空中飞舞，那是一首诗；

森林就像打翻的画盘，到处都是色彩，到处都是诗。

五彩的落叶在水面漂流，那又是一首诗……

我的照相机不停地"咔嚓，咔嚓"，拍下一首又一首优美的秋色之诗。

终于累了，我坐在林子里的一个土坡上休息。

老鼠在彩色的落叶底下窜来窜去，难道也在写诗吗？

突然前面低洼地里发出响亮的沙沙声，我定睛一看，原来是一只老鼠在厚厚的落叶底下窜来窜去；窜过的地方，落叶拱起一条长长的弧线，两边的落叶却像犁沟似的塌了下去。

我又兴奋起来，难道这只老鼠也在写诗吗？你看，老鼠在彩色的落叶底下窜来窜去，似乎是在游戏，似乎又是有意所为。它有规律地先在左边的落叶里窜成一条圆形的弧线，又在右边的落叶里窜成一条圆形的弧线，然后一直向前，向前，那条彩色的弧线一直向前延伸，直至看不见⋯⋯

我兴奋不已地看着老鼠写诗，待到弧线看不见时，有点失望，一首优美的诗结束了。

但我的目光却被满地的落叶深深吸引，于是就有了新的诗意。我发现落在地上的叶子，远比还在树上的叶子好看得多。叶子在树上的时候，看上去是一大片的蓬蓬勃勃，有点气势磅礴的味道，但却分不清叶与叶之间的差别。而落在地上的叶子却有明显的差异，有的深红，有的浅黄，有的半红半黄，有的只在叶尖上带点红，或者黄⋯⋯有的小巧，有的宽大；有的平坦如一张书签，有的卷曲似一艘小船⋯⋯真是千种颜色、百般形态，变幻无穷。

看着满地的落叶，我爱不释手，照相机又不停地"咔嚓，咔嚓"起来；我不仅拍下了这些落叶，还收集了许多可以收藏的落叶。我真的很感谢这只老鼠，它引领我进入了另外一种诗意，让我明白：看秋色，不仅要抬头看，向前看，更要低头看⋯⋯

我低头看见了三片有魔法的枯树叶。

森林舞会

一片叶子飘落在我家窗台上，是一片心形的金黄色银杏树叶子。我知道，这片叶子是秋风送来的一张请柬，它告诉我，一年一度的森林舞会已经开始，邀请我去参加呢！

我欣然接受邀请，揣着这张树叶请柬，兴致勃勃地走进了森林。果然，这时的森林已经色彩斑斓、纷纷扬扬——

银杏树的叶子一片金黄，看上去像一个个气质高雅的淑女。它们快速旋转着从树上飘落，就像在跳快三步。红枫树火红火红，它们的叶子在空中慢悠悠地飘荡，像极了彬彬有礼的绅士，跳着优雅的慢四步。槭树和乌桕树的叶子，色彩艳丽，层次丰富，是一群时尚的少女，有的跳迪斯科，有的跳吉特巴，一个个都是那么热烈活泼、引人注目……叶子舞者们，或相互拥抱，或亲热牵手，在空中优雅地舞着、舞着，直

太阳邀请叶子到椅子上坐坐，叶子却在石板路上洒下时隐时现、肥肥瘦瘦的影子，说也要跳舞。

4

到最后飘落地面，才坐下来，仰起脸庞，安安静静地欣赏另一拨舞者表演……

森林舞会的品位极高，不仅舞姿曼妙，音乐也优雅。你听，"沙啦啦，沙啦啦……""沙，沙沙；沙，沙沙……"不急不躁，轻而柔美，不像舞厅里的音乐，太热烈，太吵闹……

看着这样的舞姿，听着这样的音乐，我常常会忍不住冲进舞场，手舞足蹈，跟叶子们融合共舞。而这时，连树枝上尚未脱落的叶子也不甘寂寞了——太阳邀请它们到椅子上坐坐，它们却在石板路上洒下时隐时现、肥肥瘦瘦的影子，说也要跳舞……

一只蚂蚁骑着"红蝴蝶"飞行

中午的阳光，把每一片树叶都照成一个亮晶晶的光斑。这时候的森林，就像是一张由无数个光斑织成的亮晶晶的网——一个梦幻世界。

前面那棵乌桕树的叶子已经红透，光斑也就显得格外艳红透亮，抬头看去，仿佛有无数只红蝴蝶在头顶摇曳翅膀。从"红蝴蝶"缝隙里穿过的光束，如无数支亮晶晶的箭，直直地插在地上。于是，在地上忙忙碌碌的蚂蚁清晰可见。蚂蚁们排着队伍，在一支支亮晶晶的"箭"里穿行。它们兴冲冲地前进着，前进着……不知要完成一个什么样的任务……

有一片非常漂亮的叶子落下来了，当然也可以说是一只非常漂亮的"红蝴蝶"飞下来了。这只"红蝴蝶"看上去很开心，兴致勃勃地跟风儿做着游戏。它在空中慢慢悠悠地飞，待到即将落地的瞬间，又被一阵风儿吹起。于是，它继续慢慢悠悠地飞……如此循环，最后它终于降落在一片青草地上。

我赶紧跑上去，捡起了这只"红蝴蝶"，让我惊讶的是，"红蝴蝶"身上，竟然还骑着一只得意扬扬的小蚂蚁！

我站在亮晶晶的光斑里，捧着红艳艳的"红蝴蝶"，看着得意扬扬的小蚂蚁，思绪从一个光斑飞向另一个光斑……哦，这群忙忙碌碌的蚂蚁，肯定是被红艳艳的乌桕树吸引了，是来跟乌桕树约会的吧。而这只小蚂蚁似乎太大胆了，竟然还爬到了乌桕树的顶端，它大概是想亲吻一下这片最美丽的叶子吧！结果，它跟这片叶子一起飘落地面……

——不过，事情好像并不是很糟糕。这只大胆的小蚂蚁，不仅欣赏到了一片叶子的优美舞姿，而且还生平第一次尝试到骑着一只"红蝴蝶"飞行的美妙！

栅　栏

一道栅栏，白色的，长长的，把森林一分为二。

很长时间以来，我都不明白，为什么要在森林里制造这么一道栅栏？一般来说，栅栏是用来支撑蔷薇花、凌霄花和牵牛花等花卉的。每当春夏之交，丛丛蔷薇、凌霄依着栅栏盛开怒放。这时的栅栏不仅是蔷薇、凌霄们的有力支撑，更是映衬了蔷薇和凌霄的绚丽斑斓，更多的栅栏，往往是为了保护蔬菜瓜果免遭采摘……而这道栅栏的两边都是树木、草地和土坡，好像没有什么蔬菜瓜果和房屋之类的建筑需要特殊照顾呀！

我疑惑，但还是很喜欢这道漂亮的白色栅栏。

我站在栅栏外面往里面看的时候，觉得美被它围在里面，有一种想进去的冲动。我站在栅栏里边往外看的时候，又觉得外面的世界更精彩，渴望走出栅栏，去寻找更美更新鲜的野趣。秋风一吹，落叶把树下的草地和土坡铺满，林子里变成了一片五颜六色的大海。这时候，栅栏是一条船，白色的，长长的，在五颜六色的大海里延绵远航……

我忽然明白，在森林里制造一道栅栏，只是为了引人注目，为了冲破平淡，冲破千篇一律！如果说栅栏两边的树木、草地、土坡，抑或说林子里满地的彩色秋叶是一首诗的话，那么这道栅栏就是这首诗最富有魅力的亮点！

错　觉

在森林里行走，经常会有这样的错觉——

我以为沉默的龙柏，竟也开出了米黄色的小花，却原来是无患子的花朵落下来，落在龙柏的枝丫上，给龙柏做花朵。

我以为冬天的树怎么又长出了叶子，却原来是一群鸟儿停落枝头，给光秃秃的树做叶子。

我以为是一阵风吹落一片树叶，却原来是一只蝴蝶飞过。

我以为是一群蝴蝶在空中飞舞，却原来是一片片树叶飘落。

我以为发现了一块有花纹有生命的石头，却原来是几只蜜蜂翅膀，映在石头上的碎影。

我以为竹篱上怎么布满了密密麻麻的眼睛，却原来是爬山虎的嫩芽在嘲笑我的眼力。

我以为又一朵花开得金光闪闪，跑过去看，才知道是透过枝叶的太阳，把一株野草照亮。

我以为是鸟儿飞过，用它的鸟屎袭击我。抬头看，却看到有一根树枝折断，树汁水正从断裂处滴下来，滴到我的脸上……

——在森林里行走，经常会有这样的错觉。恰恰是这样的错觉，让我觉得眼花缭乱、意趣无穷。

慢 慢 走

所以你要慢慢地走。

你可以在林子里喊叫，因为林子实在太幽深；你可以在草地上奔跑，因为草地宽广，野花野草实在太美丽。但是千万别忘记，在喊叫奔跑之余，更应慢慢地走——

慢慢地走，你才能闻到青草散发出清香的味道；

慢慢地走，你才能看到小虫在草丛里唱歌舞蹈；

慢慢地走，你才能感受到野花在朝你点头微笑……

当然，如果能有清风做伴，那就更好，你的衣领长裙，就会随着清风潇洒地飘……

8

总之，只有慢慢走，把自己化为森林的一分子，跟每一棵树每一株草说说话，你才能真正领略森林的变化万千和多姿多彩。

睡 莲

我知道，秋天的睡莲开得最欢，所以急急穿过一片林子，直奔池塘。那里种满了睡莲，品种繁多。放眼望去，一朵朵色泽鲜艳、姿态优雅的睡莲，漂浮在水面，亭亭玉立。我看呀，看呀，忽然看到了童话——

一

太阳出来了，
睡莲睡醒了，
它露出笑脸，
精心打扮自己。
有的穿红裙，
有的穿黄裙，
有的穿白裙，
有的穿紫裙。
一只鸟儿飞过来报幕，
池塘里的舞会开始了。

睡莲睡醒了，露出笑脸，十分可爱。

二

蓓蕾，

似醒非醒，

在阳光里朦胧可亲。

花朵，

盛开怒放，

在阳光里更加灿烂。

蓓蕾美，

花朵美，

你让我更喜欢谁？

花 瓣 雨

　　我是被一阵又一阵浓郁甘甜的香味吸引着走进森林的。我知道，那是桂花的香味。每逢秋天，桂花们就盛开怒放，成为森林最有风韵神采的主角。

　　我走着走着，香味越来越浓，不一会儿便走到了桂花树种植最集中的桂花林。之所以称它桂花林，是因为那里种植有十几棵高大粗壮的桂花树，四周合围，人走在里面，犹如被桂花树包围。而此刻，我被桂花香包围了，我走进了醉人的桂花香味中，贪婪地深呼吸。突然，随着秋风吹过，一阵又一阵米粒般的金黄色花瓣雨从天而降。啊，这可是桂花雨呀！我兴奋极了，仰起脸庞，张开双手，任凭桂花雨钻进衣领、撒满脸庞和衣襟，尽情地享受着桂花雨奢侈的浇灌……

森林里下花瓣雨是常有的事——

春天有樱花雨、白玉兰雨、梨花雨、桃花雨……

夏天有女贞树雨、无患子雨、杜英树雨、槐花树雨……

但我最喜欢的却是桂花雨。樱花雨也好，桃花雨也好，它们开的时候，如火如荼，漫天飞舞，但是花雨过后，却有点"红颜逝去，春光易老"的味道。而桂花雨却不是这样，它们不仅开得轰轰烈烈、蓬蓬勃勃，而且桂花落下后还可以做桂花酒、桂花蜜、桂花糕……桂花雨象征着丰收，我被桂花雨包围浇淋的时候，心里涌动着欢庆和喜悦，还想起了桂花赤豆糕和桂花酒酿圆子的甜味……

义务播种员

眼前有根树枝一动，紧接着便看见一个影子向树顶蹿去。啊，是一只松鼠！这个季节的森林，松鼠显得特别多，它们或在树上窜来窜去，或在地面跑东跑西，特别忙碌的样子。

松鼠这么忙碌，其实是在为自己准备过冬食物呢！

丰收季节，森林里到处都是成熟的果实和种子。果实和种子们要播种，要培育下一代，而许多动物则把它们当作过冬食物。果实和种子看似被动物吃掉了，可它们的果核和大部分种子，却通过动物的传播，散布到了土壤里。

大自然的一切，就是如此互相依存、共生共荣。

一万种植物有一万种繁殖的方法：有的种子在风的帮助下，飞翔到土壤里；有的种子在水里漂流到合适的地方安家；有的种子会自动爆裂；有的种子引诱人们和动物去吃它，于是，果核和种子被传播到四面八方……我亲眼看到，一颗紫薇的果实"啪"的一声自动爆裂，然后，带着翅膀的种子，就像螺旋桨一样旋转着飞翔，一头钻进了土壤里。还有一次，我去草丛里走了一圈，发现裤腿上沾满了带刺的种子。我把这些种子从裤腿上摘下来，扔到了附近的土壤里，哈，我成了它们的义务播种员……

在森林里漫步，时时处处都会遇到各种神奇和惊喜。

松鼠是勤劳的，一个秋天都在不停地寻找食物、收藏食物，它们往往把收集到的果实藏在树洞里，树洞藏不下了，就在地上挖坑，把果实藏在土坑里。但它们记性太差，常常忘了自己储藏食物的地方，来年春天种子发芽，这里就是一片小树林……

勤劳而记性差的松鼠，跟我一样，也变成了一名义务播种员！

九月

当你听懂了花唱歌

盛夏一过，秋天就不知不觉地来了。也许是气温一下子适宜的缘故吧，初秋的花儿绽放得格外丰盛饱满，它们的热情、优雅，甚至超过初春的花儿。也许是积聚了一个夏天的阳光雨露吧，初秋的花儿格外芳香，时时溢出诱人的甜蜜。优雅芳香的花儿，让蝴蝶、蜜蜂们为之疯狂，也吸引着人们驻足欣赏。而这时，花匠们最头痛的就是有人忍不住摘花。

你看，莎莎就折了一枝。她一手拿着那枝花，一手提着一个塑料玩具水壶，在花圃和喷水池之间，来来回回地忙碌。

我走上前去，摸摸她的蝴蝶结，说："莎莎真乖，已经懂得给花浇水了。你看，花圃里的花在笑，可你手里的这枝花却在哭泣呢！"

莎莎睁大了迷茫的眼睛看看我，看看花圃，又看看手里的花："花怎么会笑会哭呢？"

"因为有人给它浇水，它开心了，就笑了；因为有人采摘它，它觉得痛，就哭了。"

"真的吗？可是，我怎么就听不到呢？"

孔雀蓝在跳舞，它伸长脖子，舞动花瓣，美丽极了。

"因为你还不会魔法呀！哈哈，如果你能坚持给花浇水，天天关心它，爱护它，你就会施魔法了，就能听懂花唱歌啦！当你听懂了花唱歌，你会得到一个很大的大礼包呢！"

莎莎眼睛里忽闪着疑惑，忽闪着惊喜。

这以后，我天天能看到莎莎提着她的玩具水壶，在花圃和喷水池之间，来来回回地忙碌。有一次，她已经忙得满头大汗，还在不停地给花浇水。我问她，为什么浇这么多水？她说："浇很多水，花就长得好，就能早点听到花唱歌……嘻嘻，也就能早点得到大礼包了！"

我笑了，笑得前俯后仰。

"如果你已经吃得很饱了，还要你不断地吃，不断地喝，你愿意吗？"

"当然不愿意！我最讨厌妈妈不停地给我吃东西。我的肚子已经是个大西瓜了，胀得很难受，快胀破了，她还要我吃……"

"所以说，给花浇水也一样，不能浇太多水。最好是隔一天浇一次水，每次也不能浇太多水……懂了吗？"

　　"我懂了……"莎莎显得很高兴。

　　过了一些日子，我在森林里散步，走过花圃的时候，看见正在给花浇水的莎莎。她看见我，突然"噔噔噔"跑到我面前，兴奋地对我说："爷爷，我已经能听懂花唱歌了。"

　　"是吗？那你说说，花圃里的花，都在唱些什么歌？"

　　莎莎指着在阳光下盛开怒放的花朵，说："花儿们在歌唱太阳，歌唱风儿！你看，它们伸长脖子，舞动花瓣，还想亲亲太阳，拥抱风儿呢！"

　　"好，说得太好了！莎莎会魔法了，莎莎真的能听懂花唱歌啦！"

　　我兴奋得拥抱了一下莎莎。可莎莎却突然调皮地伸出两手，忽闪着期待的眼睛看我。我一下子明白了，哈哈笑着说："你听懂了花唱歌，心里是不是特别开心，是不是抑制不住地一直想笑？"

　　莎莎肯定地点点头。

　　"所以说，开心就是花送给你的一个大礼包呀！你想想，还有什么样的礼包，能比开心更好、更贵重吗？"

　　莎莎愣了一

月季花在唱歌，你听到了吗？

会儿，随后就开心地笑起来。她不好意思地拍了拍小脑袋，然后一边笑，一边蹦蹦跳跳地喊叫："啊，我得到大礼包喽！一个开心的大礼包，开心，开心，真开心……"

莎莎提着她的玩具喷水壶，喜笑颜开地奔向水池，奔向花圃……

花圃里的花儿，尽情开放着，尤其可爱的是那些花蕾，神气地挺立在暖阳里，微露花瓣，迎风摇曳，娇艳而茁壮。

花圃是如此美丽，当然，在花圃里忙忙碌碌的莎莎更美丽！

在森林里听歌

森林里的地灯亮了，

因为地灯亮了，

所以黑夜显得更加朦胧。

夜幕下的森林很静，

因为很静，

所以能听清细小的声音。

踩着月光的碎片，

我去森林里听歌，

歌声来自四周的草丛，

歌手是各种各样的秋虫。

我站着不动，那歌声，

远远近近，此起彼伏，

有的尖细，有的粗鲁，

有的热情，有的温柔……

我仿佛能看到，

跑到西窗外，秋虫在东篱下唱歌。

有千千万万只眼睛

在黑夜里闪闪烁烁；

有千千万万张嘴巴

在草丛里一张一合。

我侧耳细听，那歌声，

就悄悄爬上我的衣裤，

亲亲我的眼睛，

摸摸我的耳朵，

让我痴迷，

让我醉。

我移动脚步，跑到西墙边，

西墙边顿时肃静，

而东篱下却一片喧闹；

我一转身，回到东篱下，

东篱下也立刻静悄悄，

而西墙边响起的歌，

却追着我跑。

我来来回回跑，

哈，来来回回的脚步，

在秋虫的歌声里融合，

变成了其中的一个音符……

夜已深，

十二声钟声响起，

我才恋恋不舍地回屋。

跑到东篱下，秋虫在西窗外喧闹。

自然课堂

花朵引诱昆虫的本领真多

花朵为了吸引昆虫来拜访，不仅会展现巧妙配色的功夫，而且还会设计各种斑纹和线条，就像马路上的斑马线、车道线和路标，导引昆虫尽快找到花蜜——

睡莲：花心有黄色花圈，让花朵似乎亮了起来。

杜鹃花：花瓣上会有颜色较深的斑点，吸引昆虫。

云南黄馨：有鲜黄色花瓣，花心又有橙色线条呈辐射状排列。

槭叶牵牛花：蓝紫色的花心，使花蕊的位置更突显。

醡浆草：细致的线条一直延伸到花蕊。

长春花：粉红色的花心配上紫红色花瓣，让花蕊的位置更明确。

水金英：花色由外往内，逐渐加深，使花蕊的位置带有神秘感。

布袋莲：淡紫色花瓣会有蓝紫色块，中心贴有黄色色斑。

野牡丹：把功夫花在雄蕊的鲜黄色花蕊上。

……

小朋友，走进大自然吧，你会看到许多花朵吸引昆虫的巧妙本领。在这基础上，进一步发挥你的创意，就能把花朵的这种本领，运用到生活用品的设计上了，比如：衣服、围巾、手绢、文具、书包等。哈哈，每个人都是生活的设计师呀！

花叶不相见的石蒜花

石蒜花有一个特性，那就是花和叶子好像闹别扭一样，几乎终生不相见。它们开花的时候，只有花，没有叶子。当花朵完全凋谢了，叶子才慢慢长出来，一直持续到来年春天枯萎。叶子枯萎了，新的花期又来临……真是太奇怪了，花和叶子应该和谐相处、互相映衬，才会更美丽，它们为什么这样意气用事、永不相见呢？

魔 术 钟

淘气熊有点不开心，因为他帮胖河马做事，胖河马没有谢他。淘气熊的习惯是：不开心就睡睡懒觉、嗑嗑瓜子、看看电视，什么事也不想干。但淘气熊毕竟还算憨厚，所以不开心归不开心，好事照样做。第二天，胖河马盖新房，淘气熊又去帮忙了。

首先是扛木头。淘气熊对胖河马说："这么重的木头，我都帮你扛来了，你该谢谢我才对。""这是自然，"胖河马拿出一盆喇叭花，"我本来想用它布置新房的，现在就送给你吧。"

淘气熊心想：一盆喇叭花能值几个钱？真是个小气鬼！但他还算厚道，嘴里还说："谢谢，谢谢你的喇叭花。"

接着架屋顶。淘气熊对胖河马说："架屋顶可是最辛苦的活，你该怎么谢我呢？""我会送你一件很珍贵的礼物，"胖河马拿出一盆午时花，对淘气熊说，"我一直离不开这盆花，现在就送给你吧。"

淘气熊心想：午时花也算珍贵礼物？胖河马呀，你真是小气到家了！但他嘴里还是说："谢谢，谢谢你的午时花！"

最后，淘气熊又帮胖河马粉刷墙壁。他对胖河马说："我把你的屋子粉刷成七彩新房啦，你看，多漂亮！这回，你总可以重重地谢我了吧？""当然，当然，我不会亏待你的。"胖河马又拿出一盆夜来香，"这可是我最喜欢的东西，我考虑了半天才决定把它送给你！"

淘气熊看看夜来香，又看看喇叭花，看看午时花，有点哭笑不得。他开始在心里骂起来：你这个没良心的胖河马呀，你这个天下最最小气的小气鬼呀，你真的是不够朋友！但他还是一边说"谢谢谢谢"，一边把三盆花拿回了家。

干了一天的活，只得到了三盆花，淘气熊心里自然又不开心起来。大家都知道，淘气熊的习惯是：不开心就睡睡懒觉、吃吃瓜子、看看电视。现在，淘气熊自然一回家就呼呼睡起了懒觉，睡呀睡呀，一直睡到隔天天大亮还不想起床……

突然，那盆喇叭花吹起了喇叭：

嘀嘀嗒，嘀嘀嗒，淘气熊，起床啦！

淘气熊睁眼一看，太阳果然已经升得老高老高。他暗暗高兴：想不到这是一盆会报时的喇叭花，是一口魔术钟呢！他不好意思再睡懒觉了，慢吞吞地从床上爬起来。

当然，淘气熊的心情是不会马上就好起来的。于是他就开始吃瓜子，一直吃到中午也没有停下来的意思。

这时，那盆午时花也张开嘴巴说话啦：

瓜子瓜子，不能吃；呱呱呱呱，开饭啦！

淘气熊又吃了一惊：想不到这盆午时花也是一口会报时的魔术钟！他不好意思再吃瓜子了，他要为自己做一顿可口鲜美的饭菜。

得到了两口魔术钟，淘气熊的脸上好像有了不少笑容。但他心里的疙瘩还没有完全消除。于是他就看电视，没完没了地看电视。

突然，那盆夜来香竟然张开嘴巴唱起了歌：

　　　天黑了，睡觉吧，睡个好觉身体好！

那歌声里，还伴着淡淡的香味呢！

"哈，又是一口魔术钟！"淘气熊使劲闻着夜来香的清香，开心得嘴巴也合不拢了，"真好真好，夜来香唱得真好！快睡觉去吧，我可不想又黑又瘦！"

淘气熊美美地睡了一觉。

第二天，他对胖河马说："谢谢你，你的礼物真的很珍贵！"

种 蝴 蝶

淘气熊失眠了，半夜醒来就再也睡不着，街上有车开过、有人走过，都听得清清楚楚。淘气熊嫌水果小镇太吵，就跑到镇外的一个小山坡上盖了间小屋，"啊，这里清静多了，睡觉没人吵了，还可以欣赏美丽的风景呢！"

胖河马也在这里盖了间小屋，不过，他好像没心思欣赏风景，只是在门前埋头种薰衣草。

淘气熊觉得奇怪："您整天种呀种的，种那么多薰衣草干啥呀？"

"种了薰衣草，这里的风景就更美了。而且，薰衣草还可以杀菌、治病、改善睡眠，使人心情舒畅呢！"胖河马的眼睛里充满了对美好生活的向往。

淘气熊不相信薰衣草有这么多好处，但薰衣草一开花，确实使这里的风景更美了。美丽的薰衣草，吸引着成群的蝴蝶飞过来跳舞。

淘气熊羡慕得不得了，拼命招手呼喊："蝴蝶蝴蝶飞过来呀，你们为啥不到我家的门前跳舞呢？"可是，蝴蝶们就是不理睬他。淘气熊就跑过去赶蝴蝶，想把蝴蝶赶到自家门前。可蝴蝶嘻嘻哈哈地逃散，一眨眼又飞回了胖河马家的门前。淘气熊气坏了，挥舞着拳头，要打蝴蝶。可是蝴蝶们飞来飞去，淘气熊就是打不着。淘气熊没力气了，一屁股坐在地上哭起来："呜呜，蝴蝶为啥不肯到我的屋前跳舞呢？

呜呜，蝴蝶为啥不喜欢我呢？"

胖河马笑着说："怪你自己吧，谁叫你赶他们打他们呢！"

"我想让他们来跳舞呀！"

"可你不能强迫它们呀！来，让我来帮帮你……"胖河马说着，神秘兮兮地拿了一个纸包一把刀，来到淘气熊家门前，他一边用刀松土，一边把纸包里的东西播撒到地里。

淘气熊很奇怪："你在种什么呀？"

"你不是要蝴蝶到你屋前跳舞吗？我是在帮你种蝴蝶呀！"

"蝴蝶也能种？"

"当然能种！只要你以后每天坚持浇水，这块地里就会长出蝴蝶来。蝴蝶们一定会高高兴兴地在你家门前跳舞的！"

淘气熊将信将疑。但他太想让蝴蝶来跳舞了，每天都坚持在胖河马种蝴蝶的那块地里浇水，还施了肥呢！一天，两天，七天，八天……蝴蝶没长出来，倒是长出来一大片美丽的薰衣草！在一个阳光明媚的午后，一群又一群蝴蝶终于飞过来了，它们在淘气熊家门前飞呀飞呀，跳起了舞蹈！

淘气熊兴奋极了，忍不住也跳起舞来。他一边跳舞，一边跑去向胖河马报喜："河马大哥呀，我家门前真的长出蝴蝶来了，蝴蝶们正在我家门前跳舞呢！"

胖河马笑笑问："蝴蝶为什么又喜欢你了呢？"

"因为我家门前也种了薰衣草，我还给它们浇水施肥呢！"淘气熊的小眼睛眯成一条线，"我懂了，你要别人喜欢你，自己先要喜欢别人，真心实意地为别人做点什么……"

这天晚上，淘气熊睡得很香很香……

扁豆和丝瓜

红松鼠在一个美丽的池塘边盖了一间新房。

"这地方真美！池塘美，新房也美。"小棕熊羡慕极了，他要搬过来，跟红松鼠结伴住在一起。他握着红松鼠的手说："我可不想让我的好朋友孤零零地一个人住在这里……"

小棕熊就紧连着红松鼠的新房，也盖了一间新房。

对于小棕熊的到来，红松鼠心里自然高兴：跟好朋友做邻居，生活就会更甜美！

然而，情况好像有点不妙！因为小棕熊是利用红松鼠的一堵墙盖新房的，红松鼠就想：小棕熊可以少砌一堵墙了，不是占便宜了吗？而他红松鼠却吃亏了！"哼哼，看来小棕熊这家伙还是挺自私自利的。"红松鼠这么想着，心里就有了疙瘩；有了疙瘩，就开始处处防着小棕熊……后来，他干脆沿着那堵墙筑了一道篱笆，把门前的院子一分为二，划清界限。小棕熊呢，本来是满腔热情来跟红松鼠结伴的，没想到红松鼠这么防着他，还筑起了篱笆，心里也有了疙瘩："哼哼，看来红松鼠这家伙有点小心眼儿呢！"

两个人都造好了新房子，但两个好朋友却越来越生疏，直到不理不睬，见面不说话。

"哼，不说话就不说话，种棵扁豆隔开他！"

小棕熊气呼呼地在那堵墙的角落种了一棵扁豆。

"哼，你种扁豆我种丝瓜，才不愿意跟你搭话呢！"

红松鼠气呼呼地在那堵墙的角落种了一棵丝瓜。

扁豆种好了，丝瓜种好了，但他们的心里仍旧开心不起来呀！怎么办呢？

冬去了，扁豆长芽了，丝瓜也长芽了；小棕熊默默地为自己的扁豆浇水施肥，红松鼠默默地为自己的丝瓜浇水施肥。

春暖了，扁豆爬藤了，丝瓜也爬藤了；扁豆和丝瓜开始还只是在自家的墙上各自爬着藤，可是没多久，小棕熊的扁豆藤爬呀，爬呀，爬到了红松鼠的那一面墙上；红松鼠的丝瓜藤爬呀，爬呀，爬到了小棕熊的那一面墙上，豆藤和瓜藤竟然缠绕在一起了。看着爬过来的扁豆藤，红松鼠不忍心拉断它；看着爬过来的丝瓜藤，小棕熊也不愿意弄伤它……

夏来了，扁豆开花结果了，丝瓜也开花结果了。小棕熊那一面墙上的扁豆热烈地欢迎拥抱丝瓜，红松鼠那一面墙上的丝瓜也热烈地欢迎拥抱扁豆。可是，小棕熊不好意思跳到红松鼠的院子里去摘扁豆，红松鼠也不好意思跳到小棕熊的院子里去摘丝瓜……

这样的日子，实在难过呀！

终于有一天，红松鼠鼓足勇气在夜里摘下了小棕熊的扁豆，小棕熊鼓足勇气在夜里摘下了红松鼠的丝瓜。第二天早晨，红松鼠鼓足勇气提着那篮鲜嫩的扁豆正准备出门，突然有人敲门。开门一看，啊，是小棕熊，他手里正提着一篮子鲜嫩的丝瓜呢！只见小棕熊有点不好意思，涨红着脸把丝瓜递给红松鼠，说："给你，这是我的好朋友红松鼠的丝瓜。"红松鼠很激动，连忙把手里的那篮扁豆递给小棕熊，说："给你，这是我的好朋友小棕熊的扁豆。"

哈哈，哈哈，新房子里传出来开心的笑声。

太阳公公也开心得跳出来了，它乐呵呵地散发出光芒，把池塘和新房照得红彤彤的，格外美丽。新房子墙上的扁豆藤和丝瓜藤呢，也在不断缠绕着，缠绕得更紧密了……

傻　事

每逢阳光普照，便是小树林最有趣最有故事的时候——

树叶们像是喝醉了酒，一个个仰面看着太阳，随着风儿摇摇晃晃跳舞；各种各样的虫子，在树上树下，在青草地上，爬来爬去，有的忙忙碌碌，有的优哉游哉，有的欢天喜地，有的心事重重……强烈的光束，让树林里的一切秘密，全都暴露无遗。

每逢阳光普照，也是我最喜欢去小树林的时候——

那天，我一头钻进小树林，正在我的"空中躺椅"上读书，忽然听到一阵渐渐沥沥的雨声，是那种绵绵细雨的声音，一阵又一阵。奇怪，太阳这么亮，哪来的雨呀？我不由得向发出声音的方向看去，没见雨，只见对面一棵树上，好像有种子一样的东西飘落下来，在阳光里闪闪发亮。我更惊讶了，树上怎么会飘落种子呢？我意识到，今天将遇到一个非常离奇的故事。于是我悄悄地从"空中躺椅"上下来，悄悄地靠近那棵树。我抬头仔细一看，天哪，原来是竹节虫们正在产卵呢！让人不可思议的是，这些竹节虫妈妈实在太马大哈，它们在树上欢天喜地地产卵，让虫卵纷纷扬扬地落到地面上。而这时，一群群一队队蚂蚁，正在树下暗自窃喜地搬运竹节虫们产的卵呢。我急坏了，这些竹节虫小宝宝做梦也没有想到，刚出生就要被蚂蚁们抢走，就要成为蚂蚁们的盘中餐了……

怎么办？让我来帮帮它们吧！

怎么帮呢？嘿嘿，对于一个喜欢玩蚂蚁的男孩来说，对付蚂蚁的办法实在是太多了：看见一队蚂蚁雄赳赳气昂昂地搬骨头，我会用刀把它们隔开，看它们怎样绕过刀山；画画时，一只蚂蚁探头探脑地爬过来，我觉得好笑，就用颜料把它涂成了彩色蚂蚁。我还会把蚂蚁抓到蟋蟀盆里，让它跟蟋蟀角斗；把蚂蚁扔到装满水的面盆里，看它如何逃离"大海"……

此刻，面对着成千上万只搬运着竹节虫卵的蚂蚁，我兴奋得热血沸腾，就像上了战场。我观察了一下蚂蚁的行军路线，用小刀在它们的行军路上拦腰挖了一条壕沟，然后在壕沟里灌满水。哈哈，蚂蚁们见行军路线被切断，马上乱作一团。渐渐地，蚁群散开了，我这才得意扬扬地回到我的"空中躺椅"上，继续看我的书。可是，大约过了一刻钟的光景，成千上万的蚂蚁突然又出现在那棵树下。真是见鬼了，蚂蚁们难道是天兵天将，从我挖掘的壕沟上空飞过来的？我朝那边瞥了一眼，壕沟周围，蚂蚁的影子也没有，它们早已放弃了这条行军路线，而是绕了一个大圈子，从另一头的灌木丛里千军万马地钻出来……于是，竹节虫妈妈们继续在树上毫不知情地产卵，让虫卵纷纷扬扬地落到地面上；一群群一队队蚂蚁继续在树下欢天喜地地搬运着竹节虫卵，把它们搬运到蚂蚁洞里藏起来……我被蚂蚁的不屈不挠感动了，同时也被傻乎乎的竹节虫妈妈们惹笑了。唉，皇帝不急急太监，关我什么事呀？算啦算啦，你们爱怎么着就怎么着吧，我可不想再瞎起劲多管闲事了！

小树林里的阳光依然明亮。明亮的阳光下，一个离奇的故事还在继续……

我不再理睬它们，对蚂蚁的抢夺行径，我不再阻拦；对竹节虫妈妈的自灭行为，我也不再理会。但这个离奇的故事，却成了我心中一个挥之不去的疑团。直到读了中学，这个疑团才得以解开。那天我把这个故事讲给生物老师听，生物老师一听就笑了。他笑着告诉我："你跟蚂蚁一样，也上了竹节虫的当啦！竹节虫在树上产卵，让虫卵落到地面上，它们是故意这样做的呀！竹节虫故意让蚂蚁看到虫卵，故意让蚂蚁把虫卵搬进洞穴，这也恰恰是它们的高明之处，因为它们知道，蚂蚁整天忙忙碌碌搬运食物，储存食物，但真正供自己享用的其实很少，十分之一也不到！尤其对颜色灰暗、色味平淡，还包着一层外膜的竹节虫卵，蚂蚁们甚至连碰一碰的兴趣都不会有。所以说，虫卵们住在蚂蚁洞穴里其实是最安全的……"

"那，那蚂蚁不是白忙了吗？它们更像是竹节虫小宝宝们的保姆呢！"我惊讶地叫起来。

生物老师点了点头，幽默地加了一句："还不收费呢，是义务保姆！"

我笑了，不好意思地敲着自己的脑袋：你呀你，以为竹节虫傻，自己才傻呢……

十月

森林的阳光

森林的阳光会唱歌

一天早晨，我去楼下森林散步。十月的阳光，柔和而温暖。

忽然，我看到树枝上有几只鸟儿在叽叽喳喳歌唱。它们面朝太阳，昂头挺胸，唱得那样响亮投入，那样虔诚真情，那样痴迷陶醉……我不由得震撼了。很显然，它们是在迎接太阳，感谢太阳，向太阳问好呢！

这样的情形，只要你留意，在有阳光的森林里经常能看到，因为阳光是鸟儿生命的希望。据说，夜莺非常需要从阳光中获得灵感，只要有阳光，就足以使它不断鸣唱。如果把它关在暗处，一旦让它重返光明，它会欣喜若狂地大唱特唱。而云雀看到太阳升起，更会激动得冲出森林，唱着飞向太阳，把快乐带上蓝天。

"鸟如此，人亦如此，这是万物的感受。"法国浪漫主义历史学家米什莱在《大自然的诗》里说得好，"印度古老的《吠陀》的每一行都是在歌颂阳光。印度人以为，凡是动物，尤其是最有智慧的，比如大象在创造生命时，会向太阳致敬，会在晨曦微露时向它致谢，

太阳出来了，一千多岁的树爷爷笑了。

它们会在内心唱一首感恩歌。"

大象们在内心默默感恩，而鸟儿们是唱出来的。所以那几只鸟儿唱得如此热情洋溢。所以每天晨曦微露时，我都能听到森林里的鸟儿开始集体大合唱，那是迎接太阳的隆重仪式。千百只鸟儿，面向东方，此起彼伏地歌唱，唱得轰轰烈烈，唱得森林震动，唱得阳光摇晃……

于是，森林歌唱起来，森林的阳光也歌唱起来……

森林的阳光是能捕捉到的

我喜欢幽深茂密的森林，喜欢绿意葱茏的森林，但我更喜欢阳光中的森林！

阳光中的森林更通透更明亮，意气风发，神采飞扬；森林中的阳光更温柔更多情，不温不火，恰如其分。我说不清是森林成就了阳光，还是阳光成就了森林。但我知道，森林里的阳光是经森林滤过的。经森林滤过的阳光，变无形为有形，一缕缕，一丝丝，像姑娘长长的金发，更像一张金色的网，倾泻而下，触手可及……

　　几个小孩在森林里玩，他们肯定是被这美妙的阳光迷住了，忍不住纷纷伸手去抓，去捕捉，嘻嘻哈哈，又蹦又跳。他们捉住了阳光，捏在手心里，慢慢地小心翼翼地松开手指瞧：啊，阳光逃走啦！于是再伸手去抓，去捕捉……

　　一群鸟儿羡慕地看着孩子们，似乎有点不服气。它们突然从树枝上飞下来，在一缕缕、一丝丝的阳光里穿梭往来，是在向孩子们宣战：看谁能把阳光剪断？可它们剪来剪去剪不断，阳光依然一缕缕一丝丝，引来孩子们一阵笑声……

　　捕捉也好，剪断也好，那都是游戏，不必计较。值得高兴的是，森林的阳光里，回荡着鸟儿的叽叽喳喳、孩子们的欢笑……

森林让阳光变无形为有形，一缕缕，一丝丝，像姑娘长长的金发，更像一张金色的网。

森林的阳光是魔术师

森林的阳光是魔术师，那一缕缕一丝丝的阳光，就像一支支法力无边的魔杖，会指挥森林表演琳琅满目、让人目瞪口呆的魔术——

魔杖点到绿叶，绿叶更绿；点到黄叶，黄叶更黄。

魔杖点到花朵，花朵开得格外娇艳芳香。

魔杖点到树干，树干的一面亮，另一面却暗，就像一张反差强烈的阴阳脸。许多不显眼的地方，比如墙角、路边、草丛、树下……只要魔杖出现，那里就成了迷人的风景。即便是一棵小草，也会有精彩表现；就连一块晒热的石头，也变得热情洋溢、笑容可掬……

有一次，我走过森林的大草坪，看见大树的影子，映在青草地上，

大树的影子，像蝴蝶，像睡美人，像美人鱼……

有的像蝴蝶，有的像巫婆，有的像睡美人，有的像美人鱼……风一吹，一幕幕有趣的童话剧就开场了——森林的阳光，这支魔杖，就是它们的总导演。

那两片红叶已经不见了，魔杖把它们变回了原形，它们正掩藏叶丛里，笑我呢。

还有一次，我走过一棵枫树，看到两片枫叶被魔杖点得玲珑剔透、鲜红透亮。我喜不自禁，看了又看。

待我不舍地走了几步，回头再去看时，那两片红叶却已经不见踪影。我知道，魔杖又把它们变回了原形，它们正掩藏在叶丛里，笑我呢……

那一支支魔杖，让森林变化无穷、精彩纷呈；让森林生动起来，热闹起来。于是森林就有了灵气，有了变化，有了丰富想象……在这样的森林里散步，实在是无比惬意，心情大好。

如果端起相机，还能把这些稍纵即逝、不可多得的变幻，定格成永久的图画！

"阳光！再来点阳光！"

这时天色已晚，太阳落到森林边缘的时候，越来越大，越来越红，很快地，给森林镶上了一道金边；渐渐地，又把整个森林染红。它用红光在青草地上写字：生命——成长。啊，生命靠太阳，成长靠太阳，难怪歌德在临终时还呼喊："阳光！再来点阳光！"

而这时，太阳即将离去……

我看到鸟儿们齐刷刷飞到了树枝最高处，静静地，深情地，不舍地看着夕阳……它们肯定是希望夕阳慢点走，再多待一会儿吧。那只黑猫已经躺着晒了很久的太阳，这时突然站立，面朝夕阳，痴痴相望。它是在内心默默感恩呢，还是在默念：亲爱的太阳，请明天再来此地，我会等你……

黑猫对夕阳说：明天还在这里等你。

小笨蛋

一只金龟子从窗口飞进书房，像一朵花，在我眼前飞翔。它是在炫耀，炫耀够了，想飞出窗外了，却撞上玻璃掉落在窗台上。

"哈哈，得意忘形了吧！"

我走到窗口看，只见它朝天躺着，拼命伸出脚丫乱抓，想借力翻过身来，但就是翻不过来。它的翅膀扇动一下，歇一会儿；扇动一下，歇一会儿，就是飞不起来。我猜测，朝天躺着的金龟子大概是飞不起来的——因为翅膀振动的力量，被窗台抵消了。

"真是个小笨蛋！"

我伸出手，帮这个倒霉蛋翻过身来。它趴着休息了一会儿，终于张开翅膀飞起来了，但又一头撞在玻璃上，掉落窗台。于是，它又开始无休止地重复那几个动作：朝天躺着，拼命舞动脚丫，翅膀扇动一会儿，歇一会儿；扇动一会儿，歇一会儿……

如此循环数次，我失去了耐心。

"对不起，小笨蛋，你继续操练吧，我可要睡午觉去了。"

一小时后，待我醒来再去窗台看，这个小笨蛋已经躺在窗台上一动也不动。我碰碰它，它还是不动。糟糕！它死了吗？我突然感觉自己做错了什么……我连忙捧着它，把它送回楼下森林，安放在一片樟

树叶子上。

过了一会儿，我看见它的脚丫微微动了一下，背上金绿色的硬壳慢慢张开……

突然，它"嗡"的一下飞了起来。

像一朵花，在我头顶绕着圈儿飞翔，好像在说："大笨蛋，谢谢你送我回家！"

我傻笑一下，回我的书房了。

自然课堂

太阳是什么颜色?

虽然我们平常看到的太阳接近黄色,但在晴朗的天气下,太阳是亮白色的,亮到无法用眼睛直视。而在清晨或傍晚,太阳又是橘红色的,有时甚至呈绿色和浅蓝色。这是为什么呢?

散射现象使阳光呈橘红色。太阳通过大气层时,会被尘埃微粒往四面八方散乱地改变方向,这就是散射。阳光包含红、橙、黄、绿、蓝、靛、紫等各种波长的光,其中红光的波长最长,最不容易发生散射。光的散射越多,红光所占的比例越高,阳光看起来就比较偏红。

折射现象使落日出现绿光——大气层对于阳光还有另外一种作用,那就是折射,也就是会让阳光转弯。由于不同波长的光转弯的角度不同,在落日的最后一刻偶尔会看到罕见的绿光,或者蓝光。

和太阳躲猫猫

天气一会儿冷一会儿热,人和动物怎么办呢?

鸟类和哺乳动物(包括人类)都属于"恒温动物",身体能自行产生热能。比如北极熊，它们在极度寒冷的冰天雪地里，依然能保持 37 摄氏度的体温。

"变温动物"却无法产生热能，但它们自有一套聪明的生存办法：太阳出来了，就晒太阳暖身；中午太阳太热，它们就躲入地下，避开地面高温。比如蜥蜴，中午的沙漠，简直就像铁板烧一样滚烫，它们就将尾巴向上翘起，或者不断地跳跃、换脚站立，以免和地面接触太久而被烫伤。有些蜥蜴的体色甚至会随着日光的强弱变化；日光强，肤色变淡；黄昏日光变弱，肤色就变深，还得晒太阳增加体温……哈哈，简直是在和太阳躲猫猫呀，太有趣了！

树梢小精灵

阳光下，常可以看到一身青绿色的鸟儿，在枝叶间跳跃觅食，还会发出婉转悦耳的叫声，它们就是"绿绣眼"。

绿绣眼体型娇小可爱，动作轻盈灵巧；背部黄绿色，额头、脖子和胸部是黄色，腹部灰白色，脚灰色，嘴黑色，眼睛周围有十分明显的白色眼圈，眼睛前方有一道黑色的色带，就像画了眼线。

绿绣眼喜欢群体活动，爱凑热闹，上下波浪式飞行，飞行时发出的叫声像笛音，所以又被称为"青笛仔"。

绿绣眼爱吃昆虫和花蜜，倒吊觅食功夫高。

由于它们并不怕人，在城市很常见，所以绿绣眼和麻雀、白头翁，并称为"城市三侠"，很容易亲近观察。

因祸得福

胖河马爱吃苹果，所以种了许多苹果树。淘气熊爱吃蜂蜜，所以养了许多蜜蜂。

胖河马怕淘气熊偷吃他的苹果，就在苹果树四周砌了高高的围墙，然后就躺在沙发里想入非非：苹果苹果快长，明年丰收在望！

淘气熊怕胖河马偷吃他的蜂蜜，就把蜜蜂关在封闭的蜂房里，然后就睡在大床上做美美的梦：蜂蜜蜂蜜真甜，黑熊黑熊喜欢！

可是奇怪的事情发生了，胖河马的苹果树长得很高，就是不结果子；淘气熊的蜜蜂在蜂房里飞得很勤快，就是不产蜜。这使胖河马和淘气熊大伤脑筋，但又束手无策。

一天夜里，狂风把高墙和蜂房刮倒了。胖河马躺在沙发里懒洋洋地说："围墙倒就倒吧，反正苹果树结不出果子。"淘气熊也不愿意重新建造蜂房，他说："胖河马要偷吃就让他偷吃吧，反正这些蜜蜂总在瞎忙乎。"

而这时，苹果树因为没有了围墙的阻拦，开始无拘无束地生长；蜜蜂们干脆就飞出了倒塌的蜂房，飞到苹果园里游玩。本来被隔离的蜜蜂和苹果树，变成了一对形影不离的好朋友！你看，苹果树寂寞了，蜜蜂们就飞过去，为苹果树唱歌跳舞，在苹果树耳边"嗡嗡嗡"地说悄悄话，说得苹果树欢天喜地、眉开眼笑；蜜蜂们累了，苹果树就拍打着叶片说："快到我的花瓣上来休息一下，这里温馨舒适、香味浓浓，你马上就会消除疲劳的。"蜜蜂们饿了，苹果树又拍打着叶片说："快到我的花蕊里来喝点花蜜吧，我的花蜜香香甜甜、营养丰富，你马上就会精神抖擞、身强体壮。"他们就这么相互友爱、相互帮助。结果

呢，苹果树长得更粗壮了；蜜蜂们也个个肥头大耳……

时间过得真快，转眼就到了秋天。奇怪的事情又发生了，胖河马有一天到苹果园，惊得嘴巴都合不拢："这些苹果树是不是发神经病了？砌了高墙，一个果子也不长；高墙倒了，却拼命地长果子，看看，红彤彤的大苹果挂满枝头呢！"淘气熊有一天去看他的蜂箱，惊得差点儿昏了过去："真是太神奇了，这群蜜蜂，有蜂房的时候一点蜜也不肯产；蜂房倒塌了，产蜜积极性却越来越高涨，那么多蜜，已经从蜂箱里溢出来了！"

哈哈，真的是因祸得福呀！

那么，这个福气究竟是怎么来的呢？胖河马和淘气熊一直没弄明白。当然，对胖河马来说，能吃到苹果就好；对淘气熊来说，能吃到蜂蜜就好。他们才不愿意费这份心呢……

最大的太阳和最蓝的天

夜雾散开的时候，就像有人用抹布在玻璃上擦过，霎时就冒出了一片蓝得出奇的天。那天实在是太蓝了，蓝得纯洁，蓝得干净，蓝得甜蜜，恐怕是世界上最蓝的天了！

当天空蓝得发亮的时候，红扑扑的太阳就跳出来了。那太阳大得出奇，感觉一伸手就能摸到。一群群鸟儿飞过，欢天喜地地迎着太阳飞向蓝天，是去拥抱他们期待了一夜的太阳吧！

真没想到，我在德国慕尼黑醒来的第一个早上，就看到了如此奇特美妙的风光！

导游告诉我们，地处德国南部的巴伐利亚州有着全欧洲最大的太阳和最蓝的天。一般来说，德国人比较沉郁内向，但拥有这种太阳和蓝天的巴伐利亚人却非常热情非常开朗，当他们忧郁孤独、伤心失望或想到死的时候，常常会因为舍不得这么好的阳光和这么蓝的天而最后选择生。最大的太阳和最蓝的天成了慕尼黑的骄傲，导游自然希望我们多看看那里的太阳和蓝天，多观察那些喜欢在太阳和蓝天下喝啤酒听音乐的巴伐利亚人。

而我却因为那里的太阳和蓝天想到了童话！

我想到了在蓝天和阳光下去森林和青草地采花的茜茜公主，想到了格林兄弟笔下的白雪公主，想到了小红帽……德国的童话里常常会有蓝天和太阳公公出现，当孩子们伤心烦恼的时候，当孩子们遇到危险的时候，太阳公公就出现了。金灿灿的太阳公公成了拯救孩子心灵的救星。金灿灿的太阳公公在丘陵、森林、野花和蓝天的配合下，无时无刻不在演绎着美妙的童话，而慕尼黑的太阳和蓝天往往是最善于演绎幻化童话的。我在慕尼黑仅逗留了一天，就看到了许许多多：

我看到太阳公公像个粉刷匠，它不需要任何染料，只用自己强烈的光线，就能尽情地粉刷出神奇的七彩世界：原来暗的可以粉刷成亮的，原来亮的可以粉刷成暗的，黄昏时刻的太阳还可以让古老的中世纪建筑变得黑黝黝，显得格外沧桑，而那些高高的尖顶则被照得很亮很亮，变成了一支支燃烧着的金黄火炬……

我还看到太阳公公像个魔术师，可以使它能照耀到的地方变化无穷，它照在树上，让树的影子在高低起伏的丘陵地上演戏，有的扮演梅花鹿，有的扮演巫婆，有的则扮演睡美人，然是有趣。也许是慕尼黑的太阳特别大的缘故吧，只要有太阳，那一棵棵树就变成了透明的，有的像一颗颗水晶球，有的像红彤彤的火球；而一片片树叶的影子，则像一只只黑蝴蝶，随着风儿，在草地上欢快地跳舞……我去拍摄树影，似乎听到它们叽叽喳喳调皮地叫唤："来呀，来拍我们呀！"我高兴得忘乎所以，稍不留神就把自己的影子也留在了树影的童话里了……

这是一个个多么神奇、多么有趣、多么美丽的童话！

而这一切，有了蓝天的衬托，就显得格外地迷人、格外地多姿多彩！

一个人能拥有这样的太阳和这样的蓝天，那是一种幸福——你的心胸将更开阔，你的心灵将更宁静；你会干脆利落地将所有烦恼统统抛掉，换来的是对生命的无比珍惜和对明天的无限憧憬。这一刻，即使生活里再不起眼的细节，你也会去关注它，找到些许瞬间的美好，并把这些美好以你的意愿去童话化。温暖的阳光照在餐桌上的时候，橡树被傍晚的太阳照得朦朦胧胧的时候，雨后青草地里蒸发出潮湿气味的时候，躺在山坡上享受蓝天美景的时候……你会突然发现，原来生活还可以这样过。那是与金钱权势无关的东西，仅仅只是一种选择，而你这样去选择，恐怕就是因为拥有了最大的太阳和最蓝的天！

我看着蓝天，看着太阳，看着一群群欢天喜地飞翔在蓝天、要去拥抱太阳的鸟儿，常常在心里痒痒的，羡慕得不得了，可惜我却不是一只鸟……

一条鱼写给太阳的诗

白亮亮的太阳照湖面，
湖面，被碎金子铺满，
碎金子里有一条鱼，
时而仰游，时而潜泳，
悠闲自在，得意扬扬。

我对鱼儿说，
太阳温暖了你的岁月，
也惊艳了你的时光，
不如让我们一起，
为太阳写一首诗。

鱼儿突然跃出水面，
久久凝视太阳；
然后，张开嘴巴吐泡泡，
吐出很长很长一串。

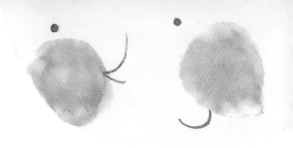

我笑了起来，

不知道他是什么意思，

难道这就是，

他写给太阳的诗？

一只蜗牛想看看夕阳

一只蜗牛，
想看看美丽的夕阳，
可他还没爬上枝头，
夕阳已经落山。

一只鸟儿，
从空中飞过，
天空挺着胸膛说，
——我没有离开。

一片树叶，
落到地上，
芽苞笑嘻嘻探出脑袋，
——我还在树上生长。

蜗牛突然高兴起来，
他慢慢爬回家，
心里，充满了，
对明天的希望。

栅栏在地上画画

这里很暗，那里很亮，
绿的更绿，黄的更黄，
而开花的树叶，
则变成一只只黑蝴蝶，
跑到青草地上飞翔。

哦，是太阳这位粉刷匠，
把世界描绘得绚丽斑斓。
我对太阳说，
除了屋顶变红，
除了大树开花，
我还想拍张更美的照片，
装点我的书房。
太阳不说话，

笑眯眯地，
指挥栅栏在地上画画。

十一月

制造红叶

这个故事，还要从 9 月 5 日那天说起。

那天，我刚走出小区大门，突然看到两个花匠扛着梯子，向马路对面的两棵大枫树走去。只见他俩走到树下，爬上梯子，就开始动作熟练地采摘树叶，摘了一片又一片，不停地摘。看来，他们不把满树的叶子摘光，是不会罢休的⋯⋯

我觉得奇怪，好端端的树叶，为什么要摘掉呢？这不是破坏绿化吗？如果是旁人，我肯定会上去阻拦，可他们是花匠，摘树叶自有他们的道理⋯⋯

我就走过去问："为什么要把树叶摘掉呀？"

花匠回答我说："为了让大枫树更好看些。"

"大枫树没了叶子，光秃秃的，还好看吗？"

花匠见我一头雾水，便笑着告诉我："现在把枫树的老叶子打掉，它就会重新长出新叶子。新叶子经过霜打，就会变红，红得鲜嫩，红得通透，大枫树不就更好看了吗？而且重新生长的红叶，可以大大延长生命期，红到十二月也不会掉落⋯⋯"

哦，原来是这样呀！我的心里不由得激动起来，我从来也没有想过，红叶竟然也是可以制造的！而花匠说的似乎很有道理，因为秋天红叶的形成不外乎两个原因：一个原因是日夜温差大，湿度够，天气突然降温，枫树体内的激素发生了变化，根部吸收水分的能力降低，光合作用减弱了，叶子就变红了；第二个原因便是霜打，霜染嫩叶，自然格外鲜艳，如果没有秋霜，自然就没有色泽漂亮的红叶。

记得我曾有过两次震撼心灵、铭记不忘的"观赏红叶"的经历。一次是十年前去欧洲。在欧洲看红叶，不需要挑选景点，你在街头随意行走，就能看到各种颜色的树。即便是公路，也是红叶夹道、满目缤纷。尤其是瑞士洛桑湖畔的那棵大枫树，简直让我刻骨铭心。我记得，大巴士驶过它身边的时候，全车人都"哇"的一声惊叫起来。那

塔川的乌桕，红得妖娆，红得惊心动魄。阳光一照，似乎要燃烧起来！

棵风情万种、通体透红的大枫树，其色泽不只是红，还夹着粉红、桃红、洋红、橙红、金红、暗红和紫红。同一棵树的叶子，竟会呈现如此丰富的颜色，实在令人称奇……还有一次是去塔川。去过塔川，我才知道，塔川的美丽秋色主要得益于乌桕，而乌桕的红叶其实更胜于枫树。那种红叶，红得妖娆，红得惊心动魄，阳光一照，似乎要燃烧。难怪有诗赞曰"乌桕赤于枫，园林二月中"；难怪拥有大量乌桕的塔川，被誉为"中国最美的乡村"……

欧洲也好，塔川也罢，那里的红叶之所以红于二月花，其实都离不开温差和霜打。而上海的温差一直比较平稳，所以许多红叶也就总是不尽如人意。如果我们能像那两个花匠一样，花点时间和功夫，给枫树换一次新装，让重新生长的嫩叶经历一次霜打，那么在上海家门口不是同样能看到色泽漂亮的红叶了吗？

我决定向那两位花匠学习，在我的森林里，亲手来一次"制造红叶"的试验！

第二天，我在森林里选定了一棵红枫树，作为我的试验目标。我担心老叶子摘掉后新叶子长不出来，所以不敢贸然将这棵红枫树的叶子全部摘掉，而是选择其中最醒目的两根枝条进行我的试验。这样，即使新叶子长不出来，红枫树也不至于太难看，而且还能有所差别，有所比较，便于我更清晰地观察试验效果。我，就这么开始在那两根枝条上，小心翼翼地采摘叶子。摘呀，摘呀，摘了一片又一片……（注意：摘叶子的时候，一定要倒着摘，轻轻一按，叶子就摘下来了，而且不会损伤树枝和叶芽）

十天后（9月15日），我惊喜地发现，那两根打掉叶片的树枝上，每一个叶茎底部都已经微露红芽。

又过了十天（9月25日），我发现，已经有五六个红芽长成红色小叶片了。我暗暗高兴：看来这次制造红叶的试验，肯定会获得成功。

又过了十来天（10月12日），红枫树已经长出二十多片红叶了，红叶也长大了许多。

又过了十来天（10月23日），红枫树已经长出五十多片红叶子。这时的红叶子，已经长得跟老叶子差不多大小了……

待到霜打过后，这些重新生长的红叶，已经红得鲜艳迷人。它们在原先那些未经采摘的绿色老叶映衬下，显得格外光彩夺目。许多人走过那棵红枫树，就会停住脚步，看了又看，舍不得离去。他们肯定会在心里暗暗称赞：世界真奇妙呀，这棵红枫树的叶子怎么一半绿，一半红？而这时，我内心的喜悦几乎要满溢出来，我会快步迎上前去，乐不可支、扬扬得意地自我表扬："知道吗？这是我亲手制造的红叶……"

树叶诗集

我在书房想诗，

想来想去，

想得眼冒金星，

诗句还在云里雾里。

我去森林散步，

诗句突然冒出心底——

"一缕阳光飞速冲进森林，

拍打树叶的心喊着醒醒……"

你听听，

多么优美！多么有趣！

我生怕忘记，

连忙在树叶上，

写下这个诗句。

第二天再去森林，

没想到又有新的诗意——

这是一本多么壮观的树叶诗集！

"一群鸟儿停落在树上，
树马上叽叽喳喳歌唱……"
真是有点稀奇，
优美的诗句，
怎么都藏在森林里？

第三天，第四天，
第五句，第六句；
第七天，第八天，
第九句，第十句……
我每天都去森林，
每天都在一片树叶上，
留下一个惊喜！

秋天树叶纷纷落地，
我去寻找落地的诗句：
找到了一片又一片，
捡到了一句又一句。
找得眉开眼笑，
捡得欢天喜地。

我把树叶整齐叠一起，
终于有了第一本诗集，
一本树叶诗集，
而且色彩艳丽！

妈妈别吃我

又有一只小螳螂，被他妈妈的双刀牢牢钳住。我仿佛听到小螳螂在苦苦哀求："妈妈别吃我！"可是螳螂妈妈还是张开嘴巴，把小螳螂吞进了肚子里。

这只杀气腾腾的螳螂妈妈已经吞吃了十几个自己的亲生孩子。

我把它从森林里捉来，养在盒子里，是希望观察它产卵和孵化出小螳螂的过程。它也确实没有辜负我的期望，没几天就产下了一个卵囊；过了几天，居然孵化出了几十只鲜嫩活泼的小螳螂。看着小螳螂在盒子里到处游走，我兴奋得不得了。然而奇怪的事情发生了，我发现小螳螂的数量在一天天减少。这是怎么回事呢？难道小螳螂长大后逃走了？这不可能，我用网罩罩着，绝对逃不了。再说要逃的话，也只有身强体健的螳螂妈妈才有机会，可螳螂妈妈和几只强壮的小螳螂，不是都还在盒子里吗？那么是小螳螂自己死了吗？可是尸体去哪儿了呢？我开始守候在盒子旁仔细观察，这才发现，原来螳螂们兄弟互相残杀，大吃小，强壮的哥哥姐姐把弱小的弟弟妹妹吃掉了。而更多的小螳螂却是被自己的妈妈活生生吃掉的！

我知道螳螂是生性凶猛的肉食性昆虫，但我绝对没有想到，它们居然连自己的亲生骨肉都不放过！为什么这么残忍，这么无情呢？我很沮丧，心里不知是什么滋味。

我去请教花匠，花匠笑着说："应该怪你自己呀，其实是你害了小螳螂！"

我争辩说："我饲养了它们，怎么能说是我害了小螳螂呢？"

花匠告诉我："螳螂虽然感觉敏锐，动作精确迅速，但它们的视觉却很差，无法看到清晰的影像。螳螂妈妈认不出自己的宝宝，在它眼里，看到的只是一个快速移动的模糊影像。于是小螳螂就变成妈妈的嘴边肉了。螳螂四肢发达、头脑简单，就是这个道理。"

原来是这样呀！

"可是这样一来，自然界的螳螂不是越来越少了吗？"我又问。

"不会的。大自然自有巧妙安排，在野外生活的螳螂妈妈到秋末产完卵后就死了，而螳螂宝宝要到第二年春天才会孵化出来。所以说，螳螂妈妈和它的宝宝甚至是碰不到的。而你，却把螳螂妈妈养在盒子里，给它食物和温暖的环境，螳螂妈妈就有机会活到它的宝宝从卵囊中孵化出来。哈哈，所以说是你害了小螳螂，我一点也没有说错吧？"

我恍然大悟，后悔不已。

——我发誓，以后再也不做这样的傻事！

自然课堂

秋天叶片变色的植物有哪些?

秋天，叶片变黄的植物——尖叶枫、野桐、白杨、无患子、栾树、苦楝、榉树、银杏、水黄皮、紫檀等。

秋天，叶片变红的植物——枫香、红枫、槭树、三角枫、紫叶枫、乌桕、茄冬、山樱花、大花紫薇等。

日本蝴蝶飞到香港过冬

真是一个惊人的新闻，一只日本蝴蝶，竟然长征两千五百公里，飞到香港过冬。

这只蝴蝶横越了南中国海，到中国沿海，期间或许途经台湾，最后到达了香港。

莲和睡莲大不同

莲的根茎就是大家熟悉的莲藕，粗粗长长，一节一节的，内部有许多用来储存空气的孔洞。睡莲的根茎则呈块状，外观像芋头。

莲花有不少花瓣，花瓣内则是莲蓬和黄澄澄的雄蕊。睡莲则没有莲蓬，果实是具有多数细小种子的浆果，在水中发育成熟。

莲的叶柄都长在叶子的背后，而睡莲的叶柄就不同了，无论是什么品种，叶柄一定长在叶片的基部。

莲的叶片到十一月以后就会干枯，莲蓬的柄也会折断。而睡莲，有些品种甚至在冬天还会开花，似乎一点也不怕冷。

树的童话

我一直以为，树是有灵性有感情的，树是有思想会说话的，每一棵树，无时无刻不在演绎着属于他们的童话——

树是绘画师

秋风起时去欧洲，最好看的便是树。这个季节，欧洲的橡树、榆树、枫树、梧桐树……都已经变成了彩色的童话树。他们纷纷从童话里走出来，尽情施展自己的魅力：有的变成嫩黄、金黄、暗黄；有的变成嫩红、金红、暗红；有的金黄里夹着金红；有的橙黄里夹着紫色；有的是一棵黄、一棵绿、一棵红、一棵紫，间隔而立；有的则以绿树衬底，突然冒出一棵亮亮的橙黄树，让人惊喜，让人赞叹不已！

我弄不清，欧洲的秋风为什么有那么高超的魔法，能在一夜之间就把满树的叶子染透。

不一定要挑选景点看树，因为整个欧洲就是一个大花园，你在街头随意行走，就能看到各种颜色的树。即便是公路，也是彩树夹道、满目缤纷。我们乘坐的大巴士在这样的公路上行驶，就像是一只优哉游哉的甲壳虫，在彩色的世界里优哉游哉地爬行。

　　有阳光的时候，树就显得更美更有情调，那颜色又鲜又亮，鲜亮得可以穿透整个树丛；他们的影子，则惬意地躺在高低起伏的山丘上，有的看上去像巫婆，有的变成了睡美人。

　　看到一条小溪从山涧上潺潺流下，两岸落满彩色树叶。大概风不忍心将它们扫去吧，溪涧两岸的落叶竟越积越多、蔚为壮观。远远看去，整个山坡就是一块花布，白亮亮的溪水，像一道水银在花布上曲曲弯弯流淌。

　　欧洲高低曲折的丘陵地势，又为树的颜色制造了一种气势和梦幻。漫山遍野的童话树，有的落入山谷，有的爬上山坡，有的依傍河水，有的屹立田野，高低曲折，起伏不定，使人的视觉时时变换，煞是过瘾！突然冒出一个幻觉：山坡是一块块调色板，漫山遍野的彩色树是一个

个浪漫而有才气的绘画师，他们在美丽的调色板上，尽情泼染着奇光异彩！

秋季里的树实在太美，难怪满车厢的人众口一词："下次来欧洲，还是要选择秋季！"

树　妖

去瑞士洛桑主要是为了看洛桑湖边的奥林匹克村，但导游却说洛桑湖边还有一座童话小城堡很古老，很经典。所以上车后，我的心里一直牵挂着那座童话小城堡。

然而，最终缠住我的既不是童话小城堡，更不是奥林匹克村，却是一棵大枫树！

只一瞥，我就难以离去了。

大枫树就在洛桑湖边，大巴士驶过它身边的时候，全车人"哇"的一声惊叫起来。那是一棵怎样的树呢？即便没有太阳的照射，也是那样的通体透红、风情万种，而且那种红不只是红，还夹着粉红、桃红、洋红、橙红、金红、暗红和紫红。同一棵树的叶子，竟会呈现如此丰富的颜色，实在令人称奇！这棵大枫树的颜色美艳无比，甚至有点"妖气四射"，使我理所当然地称她为"树妖"。

我悄悄盘算着，一定要把这棵"树妖"拍摄下来。可惜，我们的大巴士跟"树妖"擦肩而过，最后在奥林匹克村停了下来，而奥林匹克村的旁边就是那座童话小城堡。我对拍摄奥林匹克村没什么兴趣，所以打定主意先就近拍摄童话小城堡，然后再去拍摄"树妖"。

我一溜小跑，朝着童话小城堡跑去，跑呀跑呀，让我大吃一惊的是，最后出现在我面前的不是童话小城堡，而是"树妖"！我浑身直冒冷汗，明明是朝着童话小城堡跑的，怎么却跑到了"树妖"的面前？会不会真是"树妖"施了魔法，把我的魂招到了这儿？

我最终没来得及拍摄童话小城堡，但我用整整一卷胶卷，留住了"树妖"的通体透红和风情万种，包括她的绝顶妖艳……

孤单也是一种美丽

在欧洲的日子里，我常常看到这样的风景：茂密的森林过后，突然会在一个山坡上孤零零地出现一棵树。那树虽然姿态优美，但总让人觉得太孤单。看着这样的树，我会情不自禁地在心里吟唱：树呀树，难道山坡就是你的伙伴？云朵飘过来吧，麻雀飞过来吧，青草长出来吧，鲜花开出来吧……千万别让树木太孤单！

这种吟唱是对孤单的同情，有点凄凉和忧伤。

问题是，几乎没有什么欧洲人会把这种孤单看得如此凄凉和忧伤。相反，他们似乎更加欣赏这种孤单。在法国，每逢周末，我们就会看到一家子开着车，离开繁华热闹的大城市，到乡村去享受孤单。我问过几个德国人，大城市、小城镇和乡村，你们更喜欢什么？几乎每一个德国人都这样回答，大城市和小城镇相比，他们更喜欢小城镇；小城镇和乡村相比，他们更喜欢乡村。为什么？因为小城镇比大城市更安静更美丽；而乡村比小城镇更安静更美丽。

哦，我这才明白，原来他们追求的就是一种孤单！

在繁华热闹的大城市住久了，往往更喜欢安静的乡村，更需要给自己一点孤单的空间，来放松一下自己的心情。繁华热闹的东西看多了，往往更喜欢看简洁写意的东西。人是这样，树也是这样。有时，人们故意在茂密的森林边突然留出一块空地，或者让一棵姿态优美的树，孤单单地屹立在旷野上，这块空地，这棵孤单的树，就会显得格外赏心悦目……

我不再为孤单叹息忧伤。

我开始欣赏这种孤单，并拍摄了许多孤单的树，我觉得，能够有条件孤单的树才是最幸运的，因为孤单也是一种美丽！

一片红叶在拼命拥抱太阳

森林里有一棵乌桕树。乌桕树下住着一只小甲虫。秋天来了，乌桕树的叶子变红了；秋风凉了，红红的叶子开始飘呀，飘呀，飘落地面……

"这些红叶真不错！"小甲虫赞美着满地红叶，开始忙碌起来——

他给小河边的小蚂蚁送去几片红叶，这些红叶可以做蚂蚁们渡河的小船；

他给池塘里的小鱼儿送去几片红叶，这些红叶可以做鱼儿游戏的红帽子；

他给草地上的小蜗牛送去几片红叶，这些红叶可以做蜗牛美丽的小房子……

小甲虫给所有的小动物，都送去了红叶子。

当他最后回到乌桕树下的时候，这才发现，满地的红叶已经全都送完了。他有点后悔：我怎么忘了给自己留下几片呢？他抬头看了看乌桕树，看见树上只剩下了最后一片红叶，正昂头看着太阳微笑！小甲虫看着那片红叶，看了很久很久……终于忍不住问那红叶："你怎么还不肯飘落？是想赖在妈妈怀里过冬吗？"

"别瞎说，我是在拥抱太阳呢！"

"拥抱太阳？"

"是呀，我要拼命地拥抱太阳，把自己抱得暖暖的，然后送给一位可爱的好朋友，给他做过冬的棉被！"

"哦，您的爱心太让我感动了！我想，您的好朋友一定会很喜欢，一定会觉得很幸福……"

就在这时，那片暖暖的红叶突然从树上飘落下来，飘呀，飘呀，正好盖在小甲虫身上……

拿什么来感谢您？

这一阵，蜗牛的心情很舒畅。你想想，蜈蚣和蒲公英帮助他找到了松鼠，使他了却了一个向小松鼠说声"对不起"的心愿，他能不舒畅吗？所以，他总想着要好好地谢谢他俩——滴水之恩，当涌泉相报嘛！

一天，蜗牛对蜈蚣说：

"蜈蚣兄弟，您帮助了我，我要谢谢您。眼看天要冷了，我帮您做顶新帽子怎样？"

"不用，不用，互相帮助是应该的。"蜈蚣微微笑着，"再说，一只慢吞吞的蜗牛要做成一顶新帽子，恐怕得三天三夜吧！"

"可我一定要帮您做。"蜗牛的倔脾气又上来了，"得到了别人的帮助，怎么可以不谢人家呢？"

蜈蚣为难了，答应他吧，怕蜗牛太累；回绝他吧，又怕伤了蜗牛的心。他抓着头皮，来来回回地踱着步子想办法；想呀想呀，绝了，一个绝妙的办法，就从那踱着步子的四十二只脚丫里蹦了出来。只见他举起四十二只脚丫，笑嘻嘻地对蜗牛说："这样吧，新帽子呢，就不要做了；您实在要做的话，就帮我做新鞋子吧。"

"啊，做新鞋子呀？可您有四十二只脚呢！"蜗牛大吃一惊，但他还是点了点头，吞吞吐吐地说，"那……那好吧，我……我就帮您做四十二只新鞋吧。"

"傻蜗牛，我是跟您闹着玩的呀！"蜈蚣笑得合不拢嘴，"对一只慢吞吞的蜗牛来说，要做成四十二只新鞋，至少也得一百天吧。到那时，恐怕天气早已不冷，春天也将来临！"

"可我一定要谢您的。"

"礼轻情意重，懂吗？"蜈蚣指着一片随风飘落的红枫叶说，"富有诗意的东西才是最珍贵的。只要您的情意能通过诗意表达出来，即使是一片红枫叶，我也喜欢，并且还会珍藏！"

蜗牛想了想，点点头，慢吞吞地爬走了。

蜗牛又找到蒲公英：

"蒲公英妹妹，您帮助了我，我要谢谢您。眼看天要冷了，我帮您盖间新房子怎样？"

"不用，不用，互相帮助是应该的。"蒲公英微微笑着，"再说，一只慢吞吞的蜗牛要多少时间才能盖成一间新房呀？"

"可我一定要帮您盖。"蜗牛的倔脾气又上来了，"得到了别人的帮助，怎么可以不感谢人家呢？"

蒲公英为难了，答应他吧，怕累坏了蜗牛；回绝他吧，又怕伤了蜗牛的心。她抓着头皮，摇着脑袋想办法。她一晃动，有几颗蒲公英种子就飞了起来。"有了。"看着飞翔的种子，蒲公英马上想出了一条妙计。只见她笑嘻嘻地对蜗牛说："这样吧，您一定要帮我盖新房的话，就多盖几间吧！您看，我的子女多，一人一间怎样？"

"一人一间？天哪，您有几百个子女呢！"蜗牛忍不住惊叫起来。

现在轮到蜗牛抓头皮了，他看着蒲公英妹妹怀里密密麻麻的蒲公英种子，急得冷汗也冒出来了。他抓着头皮来来回回地爬，爬着爬着，突然哈哈大笑起来："蒲公英妹妹呀，您这是故意为难我是吗？您想想，即使我每天能盖一间新房的话，那也要盖上整整一年呢！再说，我这只慢吞吞的蜗牛，一天是绝对盖不了一间新房的。再说一年后，您的子女又有了自己的子女，我要忙到哪年哪月才是个头呀？"

蒲公英笑得东倒西歪，直喊肚子疼："所以说，您……您还是别……别盖什么新房了呀……"

"可我拿什么来感谢您呢？"

"礼轻情意重嘛！"蒲公英指着一片随风飘落的红枫叶说，"富有诗意的东西才是最珍贵的，只要您的情意能通过诗意表达出来，即使是一片红枫叶，我也喜欢，并且还会珍藏！"

蜗牛点点头，慢吞吞地，笑眯眯地爬走了。

过了几天，蜈蚣和蒲公英都收到了一张精致的红枫叶贺卡，那是蜗牛寄给他们的，贺卡上还写着这样一首小诗：

我骑着一片红枫叶，
去看望您。
您看到了吗？
那片红枫叶，
已经落在您的手心里。
您感觉到了吗？
那片红枫叶里，
盛满了我对您的浓浓谢意！

秋天的夕阳很香

秋天的夕阳，
很香。
我去田野拜访夕阳，
夕阳拥抱我的衣裳；
我披着夕阳回家。
夕阳里，有
果香，
花香，
稻香。

回到家，
我脱下衣裳，
把秋天的香味，
珍藏！

红 蝴 蝶

太阳，
把红叶照成红蝴蝶。
满地红蝴蝶，
不肯飞，
要做大地的棉被。

红叶，
把太阳抱在怀里。
满地红叶挤一起，
暖了大地，
也暖了自己。

小老鼠种喷嚏

大灰狼的喷嚏

小老鼠是被大灰狼的一个喷嚏打到秃秃山的——

本来，小老鼠今天的心情很好。他坐在公交车上，一边欣赏车窗外的风景，一边还开开心心地哼小曲呢！正是秋天，田野里一片金黄，金黄的果实散发着香香甜甜的味道，金黄的树叶随风翩翩舞蹈……小老鼠要进城看望鼠外婆，他已经五年没见鼠外婆了，他一看到装满苹果的大汽车从身边经过，就会想起五年前鼠外婆给他吃的那个又香又甜的大苹果；一想到大苹果，就觉得肚子里又有了苹果香香甜甜的味道。

一滴口水从小老鼠的嘴角流出来，小老鼠不好意思地转过头去，悄悄擦掉。

然而就在小老鼠转头的一刹那，他的心突然剧烈地跳起来，他看到一只毛茸茸的手正伸向狗大爷的衣袋；也只是一刹那的工夫，那只毛茸茸的手就从狗大爷衣袋里掏出了一只钱包。

"小偷！抓小偷！"小老鼠喊叫起来。

也许小老鼠的声音实在太小了，车厢里竟没人听到他的喊叫。那只毛茸茸的手倒是缩了一下，但马上就堂而皇之地把钱包装进了自己的口袋。那是大灰狼的手，他才不怕一只小小的老鼠呢！小老鼠急坏了，"噌"一下蹿到大灰狼的头顶，不顾一切地大喊大叫："他是小偷，抓住他，快抓住他呀！"这会儿，车厢里的人们才似乎听到了他的喊叫，大家朝大灰狼这边看了看，看到了大灰狼恶狠狠的眼睛，马上就别过头装作没看见。大灰狼冷笑一下，大摇大摆地下车了。小老鼠气昏了头，竟忘了要从大灰狼头上下来，他就这么傻傻地待在大灰狼头顶，被大灰狼带下了汽车。

"你这小不点儿，胆子倒不小，竟敢跟我作对！"大灰狼伸手把小老鼠从头顶捉到手心戏弄了一番，然后说，"我要让你知道我大灰狼的厉害！你相信吗？我一个喷嚏就可以把你打到十里外的秃秃山去！"大灰狼说着，就张大嘴巴，扬起脖子，对准小老鼠，恶狠狠地打了一个喷嚏。"阿，阿嚏——"啊，那喷嚏真的很厉害，小老鼠只觉得被一股臭臭的气浪冲到空中，然后就晕头转向地飞呀，飞呀，飞了很久才落到秃秃山。

这秃秃山真是名副其实的秃秃山，太荒凉了，除了远处有棵苹果树外，光秃秃的，什么也不长，连青草也不长。小老鼠伤心地哭了，刚才的好心情一扫而光。他后悔自己为什么不学点武功，大灰狼刚才耀武扬威的样子多可恶！如果会武功就好了，我用点穴术一点，他那毛茸茸的手就不能动了，腿也不能动了！那才好呢，我就吹着口哨扬长而去，让他定格在那里出丑，等待着警察把他抓走吧。想到这儿，小老鼠脸上露出一丝不易察觉的笑，好像他真的已经把大灰狼定格了。可是，唉，可惜我一丁点儿武功也没学过呀！小老鼠又伤心起来，他又想，或者我也会打很大很厉害的喷嚏就好了，我就一个喷嚏把他打到百里外的孤岛上，让他永远回不来。可是……唉，谁让我是一只小小的老鼠呢！小老鼠越哭越伤心，哭着哭着就睡着了。等他醒来，竟发觉自己睡在鼠外婆温暖的怀里。他惊奇地问："外婆，您怎么在这里？"

小老鼠做梦也没想到，鼠外婆也是因为顶撞了大灰狼而被他一个喷嚏打到这里的，已经整整五年了。幸亏当时鼠外婆身上带着几个苹果，她就吃了苹果种下籽，籽发芽了，长成苹果树了，开花了，然后就结了……鼠外婆觉得自己还算幸运，居然能够在荒凉的秃秃山生存下来！她指着那棵秃秃山唯一的苹果树，说："你看，现在这棵苹果树长得多好，结着满树的大苹果呢！孩子，你也种棵苹果树过日子吧！"

小老鼠想了想，突然说："不，我不种苹果树！我要种喷嚏！"

"种喷嚏？"

"是的，我要种出很大很厉害的喷嚏，打败大灰狼！"

"这主意当然很好。可是，这喷嚏是能种的吗？"

"我想是能的，就像您努力种苹果树一样，只要努力，一定能种出很大很厉害的喷嚏！"

小老鼠就这么开始种喷嚏。鼠外婆每天给他吃一个苹果，他吃了苹果，有了力气，就用小刀在山坡上挖坑，然后朝着坑里打喷嚏，把喷嚏种在坑里；没有喷嚏，他想到把吃剩的苹果籽放到鼻子里，鼻子痒痒的，喷嚏就有了。小老鼠笑了，为自己能想出这么好的办法而笑了。他想，这种喷嚏长大了应该很厉害吧？也许又长喷嚏又长苹果树呢？也许长出来的根本就是一棵喷嚏树，吃了喷嚏树上的果子，就会打很大很厉害的喷嚏呢……小老鼠种喷嚏的时候，常常会这么胡思乱想。

他就这么种着喷嚏，每天，每天……

会犁田的喷嚏

　　一头犀牛从秃秃山路过。犀牛总觉得秃秃山这地方太荒凉，日子过得太艰难，他要去寻找土地肥沃、有水、有树、有草的地方。他迈着坚实的脚步威武地走来，他真的威武极了，身上的皮肤又厚又坚固，就像披了一身铠甲；他的鼻子上长一只角还不够，要长两只，那两只角又尖又锋利，就像武士高举的刀剑。于是，犀牛就很像一个天下无敌的勇士！

　　凡是有人从秃秃山路过，鼠外婆都会招待他吃个苹果，当然，天下无敌的勇士吃一个苹果是远远不够的，所以鼠外婆给了他十个。犀牛吃着苹果，指指正在忙忙碌碌种喷嚏的小老鼠，奇怪地问："这小不点儿在干什么？"

　　"他在种喷嚏。"鼠外婆回答。

　　"种喷嚏？"犀牛觉得很新鲜，就跑过去看。当他知道小老鼠种喷嚏是为了打败大灰狼的时候，心里就有了一种复杂的感觉，有点敬佩，又有点好笑。所以他嘲笑的口气也有点怪："小不点呀，你种的喷嚏长大点了吗？"

　　"当然已经长大，长大好多了！"小老鼠甚至连头也没抬一下，依旧忙忙碌碌地种他的喷嚏——挖坑，往鼻子里装苹果籽，然后打喷嚏，把喷嚏连同苹果籽一起打在坑里，再填土……

"我看你种一百年也没用！"犀牛低下头，斜眼看小老鼠。

"怎么会呢？"小老鼠这时抬起了头，他被犀牛高大威武的模样吓了一跳，但马上就镇静了下来，"您的喷嚏很厉害吗？我们比比怎样？"

"比喷嚏？跟我？"犀牛笑了，笑得合不拢嘴，这个小不点儿居然要跟他这个天下无敌的勇士比喷嚏，岂不是让人笑掉大牙！

由于小老鼠的坚持，比赛还是开始了。

小老鼠憋足劲连打几个喷嚏，可犀牛好像根本就没听到，还在催："你先打，快打呀！"

"我已经打过喷嚏了。"小老鼠说。

"什么？你已经打过喷嚏了？你这也叫喷嚏？"

犀牛强忍住笑，开始打喷嚏。只见他张大嘴巴，仰起脖子，"阿，阿嚏——"

哎呀呀，真是不得了，了不得！犀牛的喷嚏就像打雷，滚滚雷声撞击摩擦着犀牛鼻子上那两只刀剑般的角，那两只角竟然"劈劈啪啪"地产生出闪电。于是，犀牛的那两只角就像装上了发动机，打着雷，闪着电，飞快地向前冲去。犀牛一低头，那两只角就插进地里变成了两把锋利的犁刀。哈，那是犀牛的"喷嚏犁刀"呀！犀牛不停地向前冲，"喷嚏犁刀"不停地犁着地，不一会儿，秃秃山坚硬的泥土就被犀牛的"喷嚏犁刀"犁了个遍！

"你瞧我！"犀牛昂头站在小老鼠面前，强忍着不让自己的笑容爆发。

"嗯，您的喷嚏真的很厉害，像发动机，还会变成'喷嚏犁刀'，我要是也有这么厉害的喷嚏就好了。"小老鼠恭恭敬敬地朝犀牛鞠躬，"不过我相信，我种的喷嚏总有一天会超过您！"

犀牛才不愿意跟一只小老鼠争辩呢，他昂着头，带着胜利的微笑走了。

会唱歌的喷嚏

又走过来一只大河马。河马好像很开心，张大嘴巴嘻笑着一路走来。河马的嘴巴真的是太大了，要是比嘴巴，他肯定获胜。可惜森林里没人对比嘴巴感兴趣，倒是三天两头举行歌唱比赛。谁都知道，大嘴巴唱歌有点困难，但河马闲着无聊，喜欢凑热闹，他就常常跑到这里吼上两句，跑到那里吼上两句。尽管河马的嗓音又粗又毛，难听得让人胆战心惊、汗毛根根立正，但令人奇怪的是，他的歌声一旦跟合唱配合，就会显得格外优雅美妙、激动人心，就像交响乐团里低音部的"贝司"，你听听，"嘭嚓，嘭嚓，嘭嚓嚓嚓"，沉重而有力，节奏感特强！青蛙合唱团老板发现了河马的这个特殊才能，立马辞退了合唱团所有的低音部演员，让河马来顶替。对合唱团老板来说，一人顶替几十个人的活，可以省去一大笔工资支出呢；对河马来说，天上掉下来一个大馅饼，能不开心吗？这会儿，河马就是应青蛙合唱团老板的邀请，开开心心进城，去当合唱歌手的。

鼠外婆见河马的嘴巴特别大，就给了他二十个苹果。河马吃苹果的时候，自然看到了正在忙忙碌碌种喷嚏的小老鼠，觉得很新鲜，当然也遇到了来自小老鼠的挑战："怎么样，敢不敢跟我比比喷嚏？"河马自然也笑了。你可以想象，大河马张大嘴巴笑得尽情的时候，是一副什么模样？

　　尽管大河马笑得很尽情，但比赛还是开始了。河马跟犀牛一样，几乎没听到小老鼠打的喷嚏，而他仰起脖子张开嘴巴，很随意地打了一个喷嚏，就让秃秃山震动摇晃起来。令人不可思议的是，河马的喷嚏竟然像他唱歌一样，"嘭嚓，嘭嚓，嘭嚓嚓嚓"，非常沉重有力！非常有节奏感！那是只有河马才有的"喷嚏歌"呀！河马的"喷嚏歌"太沉重太有力太有节奏感了，连秃秃山也"嘭嚓，嘭嚓，嘭嚓嚓嚓"起来。你瞧瞧，整座秃秃山全都剧烈有节奏地震动摇晃起来。尤其不可思议的是，刚才被犀牛犁松的泥土，竟然会随着"喷嚏歌"的节奏重新组合、迅速平整："喷嚏歌"最强劲时，泥土就往高处跑；"喷嚏歌"低沉时，泥土就往低处走……河马的"喷嚏歌"一结束，秃秃山立马就变成了错落有致、高高低低、美丽非凡的梯田！我想，那种美，恐怕连世界最著名的元阳梯田也比不过它吧！

　　"怎么样，看到厉害了吧？"河马仰着头。

　　小老鼠自然看得吃惊。他恭恭敬敬地鞠躬："这可真是太厉害了，要是我也能唱出这么厉害的喷嚏歌就好了。不过，我相信总有一天会超过您！"

　　河马不再理会小老鼠，他趾高气扬地走了，面带胜利的微笑。

会飞翔的喷嚏

　　狮子是进城去卖花的。狮子不知从哪里弄来这么多鲜花，肩上背着两筐鲜花，怀里抱着两捆鲜花，头发里还插着许许多多鲜花。狮子一边赶路一边哼小曲，他一定自以为很美，但别人看着却有点不顺眼，一只大狮子，那么大的个子，竟然卖鲜花！卖鲜花就卖鲜花吧，还要在头发里插鲜花，弄得不男不女的，让人觉得滑稽。狮子在头发里插鲜花的真正目的是什么呢？炫耀！他太爱他那一头美丽的长发了，他在长发里插鲜花是要让人们时时刻刻注意他的长发！

　　鼠外婆看着狮子的长发和鲜花，忍不住"扑哧"一声笑了。她一边捧着苹果向狮子走去，一边称赞狮子："狮子大哥呀，您真的很美啊！好吧，拥有美丽长发的狮子快来享用我的苹果吧，美丽无比的狮子应该享用三十个苹果！"

　　"我真的很美吗？"狮子开心极了，笑眯眯地去接苹果。他接苹果的时候，故意低下头，尽量地低头，好让一头长发像瀑布一样美丽地垂下来。也就在低头的一刹那，狮子看到了正在忙忙碌碌种喷嚏的小老鼠。于是，在大狮子和小老鼠之间又发生了一场喷嚏大战。

　　"你敢跟我比喷嚏吗？我的喷嚏一直在长大，可是越来越厉害噢！"小老鼠说。

"笑话，我怎么会怕一个小不点儿呢？在我眼里，你小老鼠的喷嚏只是一粒咪咪小咪咪小的灰尘而已！"狮子哈哈大笑，笑得往后仰，"可是你要有思想准备噢，躲得远点，我的喷嚏可不是一般的厉害呀！它像电闪雷鸣，还会飞，甚至可以让我自己飞起来，你信不信？"

小老鼠有点不相信，狮子急得吼叫起来："那我马上打给你看！"

狮子说着，就仰起脖子张开嘴，打了个大大的喷嚏。说来也怪，那喷嚏一出口，狮子的一头长发就根根竖立起来，竖立的头发一震动，就变成了"翅膀"，随着一阵又一阵强烈的喷嚏声浪，"翅膀"快速扑扇，果真把大狮子带到了空中。于是，狮子就连同他的鲜花一起飞翔起来，飞呀，飞呀，狮子绕着秃秃山飞了一圈又一圈，他筐里的鲜花，他怀里的鲜花，他那美丽的长头发里的鲜花，渐渐落下来，落下来，落到了泥土里……

"太棒了！会飞的喷嚏真的很棒呀！"小老鼠没等狮子开口，就一个劲地夸，夸得狮子有点得意忘形，一个劲地甩头，甩他那一头美丽的长发。

"可惜您的鲜花没了。"小老鼠不好意思地说。

"不要紧。"狮子显得很大度。他失去了鲜花，却得到了赞美，心满意足，"对我狮子来说，这不算什么，我还可以去别处找更多更美的鲜花嘛！"

狮子说完就走了，面带胜利的微笑，心满意足地走了。

会下雨的喷嚏

现在轮到大象出场了。谁都知道大象的长鼻子厉害，别人扛一根木头就累得气喘吁吁，可大象的长鼻子轻轻一勾，就能勾起一大捆木头。所以，邀请大象去打工的人很多很多。大象自然很高兴，他一高兴就会情不自禁地跳起舞来，嘴里还要瓮声瓮气地唱："我要进城去打工，我要进城去打工……"我想，如果你看到这个庞然大物跳舞唱歌的傻样，说不定也会笑翻的！

鼠外婆就笑翻了。鼠外婆知道大象能吃，就扛了整整一筐苹果招待他，但她一个劲地傻笑，还笑得在地上打滚，结果把一筐苹果倒翻在地上。好在大象并不介意，他用长鼻子轻而易举就把散落的苹果一个个卷起来，塞到了嘴里。他还差点把正在忙忙碌碌种喷嚏的小老鼠，也当作苹果送进嘴里呢！

小老鼠有点生气了："你是近视眼吗？我的生命可只有一次！"

"对不起，对不起！"大象连连道歉。

"对不起有什么用？你不知道我正在种世界上最大最厉害的喷嚏吗？如果你吃了我，就等于毁灭了一个世界上最伟大的工程，懂吗？"

"种喷嚏？喷嚏也能种的吗？"

"不相信吗？不相信你就跟我比一比，你敢跟我比喷嚏吗？"

"比喷嚏？跟你？"大象听到这个挑战的时候，起码惊呆了一百秒，他矜持地看着小老鼠，"怎么比？我怕我一个喷嚏就会把你和你的秃秃山给淹没了！"

"废话少说，比赛开始吧！"小老鼠毫不示弱。

大象被激怒了，他也不管小老鼠能打出什么样的喷嚏，仰起脖子，张嘴就是一个喷嚏，"阿，阿嚏——"随着炸雷一样的轰响，顿时狂风呼啸，哗哗的水从大象鼻子里喷出来，就像下大雨一样。那是大象的"喷嚏雨"呀！"喷嚏雨"下呀，下呀，梯田里灌满了水，田沟峡谷变成了大大小小的湖泊，秃秃山呀，被大象的"喷嚏雨"浇得清新湿润！

奇迹出现了——

梯田里长出一棵棵嫩芽，那一定是小老鼠种下的苹果籽发芽了，还有鼠外婆、犀牛、河马、狮子、大象吃了苹果，无意中扔在泥土里的苹果籽也发了芽。苹果芽长成了苹果树，苹果树长高了，开花了，结果了，满树红通通的大苹果压弯了枝头！而梯田的田垄边，还有田沟、峡谷，漫山遍野、角角落落都长出了嫩嫩的青草。嫩嫩的青草中盛开着密密麻麻、五颜六色的野花，那一定是狮子和狂风带来的种子变的吧？

一眨眼工夫，原先荒凉的秃秃山变成了美丽的花果山！你瞧瞧，梯田里长着果实累累的苹果树，梯田边镶嵌着由青草和野花组成的彩丝带，层层叠叠，色彩斑斓，真是美丽极了！

大象惊呆了，他怎么也弄不明白，自己的一个喷嚏竟然打出了一座花果山。他知道自己能打"喷嚏雨"，但并不知道自己还有制造花果山的本领呀！

小老鼠也惊呆了，他一直相信奇迹会出现，但没想到会出现这样的奇迹！不过，看到秃秃山变了样，小老鼠的心里自然高兴得不得了，他向大象连连鞠躬："太厉害！太棒了！您的一个喷嚏打出了一座花果山呢！"

大象依然惊讶地看着眼前的一切……

大结局

　　谁也讲不清楚，究竟是哪个人的力量让秃秃山改变了模样，但是秃秃山变成了花果山这是真的！小老鼠究竟有没有种出很大很厉害的喷嚏呢？这好像也已经不重要了！

　　这以后——

　　犀牛不再到处寻找土地肥沃，有水有树有草的地方，他美滋滋地在花果山定居下来；

　　河马不再进城唱歌，他也美滋滋地在花果山定居下来；

　　狮子不再进城卖花，他也美滋滋地在花果山定居下来；

　　大象不再进城打工，他也美滋滋地在花果山定居下来；

　　小老鼠尽情享受着花果山的美妙，但他还在种喷嚏；

　　鼠外婆可以用更多的苹果招待客人了，但她总是担心多余的苹果会腐烂……

　　城里的人都到花果山来旅游。据说大灰狼也到花果山光顾了一下。他像看英雄一样看着小老鼠，恭恭敬敬地说："伟大的小老鼠先生，您太伟大了！"

　　至于大灰狼是否也在花果山定居下来，小老鼠和鼠外婆是否原谅了他，接纳了他，花果山还会发生哪些有趣的故事，这是后话，就由着大家去想象吧……

童年有个秘密花园（节选）

　　所谓秘密花园，其实没有秘密，也并不神秘。我们每个人的童年，都有一个属于自己的秘密花园，只不过或清晰或模糊，抑或表现形式不一样罢了。比如说，有的人的秘密花园是一只小木箱，里面收藏着他的所有最爱，诸如木枪、竹剑、铁钉、弹子、香烟牌子、小人书等等，简直是应有尽有；有的人的秘密花园却是满满一抽屉的糖纸；有的人的秘密花园是一个池塘；有的是一把提琴；有的是各种航模；有的也可能是一本本画册……

　　而我的秘密花园却是一片小树林。

小树林里的"空中躺椅"

那是一片怎样的小树林呢？

小树林坐落在离我家三百米的村头。那里原是大户人家的花园，房屋在战火中被毁，只留下了花园。花园里有个池塘，池塘被四周高高低低、浓浓密密的树包围着，显得很神秘，所以很少有人进去。

我的"空中躺椅"就在这片神秘的小树林里。

所谓"空中躺椅"，其实只是用树枝搭建而成，因为搭建在一棵高高的老榆树上，被浓浓绿叶隐蔽着，躺在上面具有别样的宁静和惬意，所以我把它称之为我的"空中躺椅"。那时候，我正迷恋于种桃树。听说老家真如一带是上海最早的桃花林，小小年纪的我，便萌发了让美丽的桃花林在家乡重现的愿望！我到处寻找桃树苗，一旦发现一棵桃树苗，就会用砖瓦围起来，小心翼翼地加以保护；抑或从野外挖回来，种在自家后院的菜地里。但是桃树苗长到齐膝高的时候，就被母亲拔掉了，说桃树会抢了蔬菜的阳光和肥料……后来我发现了这片小树林，便把桃树苗转移到了小树林里，小树林从此就成了我的秘密花园。我在那里开辟了"米丘林园地"，种桃树，种李树，种葡萄，学着嫁接……忙得是不亦乐乎。我还在池塘边挖城堡，捉来小昆虫养在里边；抑或是爬上老榆树，把自己隐蔽在枝叶丛中看书……于是，也便有了搭建在老榆树上的那张"空中躺椅"。

"空中躺椅"是我的"树上阅览室"。每天放学，我就来到小树林，在我的"米丘林园地"耕耘一番，给城堡里的小昆虫送点食物，跟池塘里的鱼虾游戏对话……然后，我会爬上"空中躺椅"，津津有味、优哉游哉地看书。常常是这样，树下城堡里的小昆虫，在轻轻鸣唱；树上阅览室里的我，在书的故事里痴迷畅想……什么《三国演义》《隋唐演义》《水浒传》《岳飞传》《杨家将》《七侠五义》……什么《安徒生童话》《格林童话》《吹牛大王历险记》等世界名著，我几乎都是在这张"空中躺椅"上读完的。

"空中躺椅"创造了一个宁静的阅读环境，更重要的是创造了一份宁静的阅读心境。一个人一旦有了这份宁静的心境，阅读才会迷恋其中。躺在"空中躺椅"上，我会有一种仿佛来到了另一个世界的新奇感觉，以至于很快同书里的故事和人物融合在一起，如痴如醉。那年夏天发大水，地面一片汪洋。我想，此刻的"空中躺椅"犹如悬空在大海上，在上面读书一定别有趣味！于是，我就带着一本向好朋友毛毛借的《吹牛大王历险记》，爬上了"空中躺椅"。《吹牛大王历险记》里的那些故事实在太有趣太好笑了，什么"一拳打进狼的肚子里""八条腿的兔子"，什么"骑着炮弹飞行""拉着头发出沼泽"，什么"我用眼睛打火""半匹马"……出人意料的想象一个接一个，密集得让人眼花缭乱、应接不暇。我常常会忍不住捧腹大笑，笑了又笑，笑得忘乎所以。哪里想到，祸事也伴随着忘乎所以的欢笑接踵而来，大概是太痴迷的缘故吧，我竟连人带书从"空中躺椅"上掉下来，落入水中。我吓坏了，连忙去抢书，但书已经湿透；我拼命跑回家，用干毛巾擦，然后放到火炉边烤。结果书是烤干了，但也烤焦了，残缺不全了，那一页页焦黄的纸，就像一只只黄蝴蝶，冲着你笑……我一屁股瘫坐在地上，几乎要哭出来。怎么办？烤焦的书怎么还人家呢？赔吧，哪里有钱买一本新书？我沮丧得不得了。但我不后悔，因为"空中躺椅"给予我的实在太多。从"空中躺椅"上掉下来，反而在我的童年记忆里增添了更出彩的一笔，让我永远记住了《吹牛大王历险记》这本奇书，让我懂得想象的魅力……

从小学三年级到中学毕业，我一直没有离开过那片小树林和我的"空中躺椅"，我种的桃树、李树甚至开了花，葡萄结了果。直到我外出读书，进了城，那片小树林，那张"空中躺椅"，才渐渐荒芜衰败……

我最终没能在家乡真如再现桃花林，但桃花林的种子已经深深地种在我的心里。

因为有了"空中躺椅"，我找到了一个秘密花园，一个童年的幻想之角！

母亲打我

母亲打我是由小树林里的池塘引起的。

记得那是个春暖花开的季节，也是池塘最美丽最迷人最神秘莫测的季节。我常常会躺在已经开花的桃树下，把自己埋在桃花、野花和青草的香味里，闭上眼睛尽情遐想。于是我感觉到，仿佛有花精灵在亲吻我的脸庞；一会儿又看到鱼虾、鸟儿和黄鼠狼，在进行一场海陆空三栖大战；我还会看到老榆树长出了白胡子，把我搂在怀里，给我讲故事；我还会听到各种叫不出名的小虫，正在举办奇妙的"昆虫音乐会"……

而我想得最多的还是关于池塘的种种问题。比如：池塘里的那些水草摇摇摆摆的，是在追打调皮的小鱼小虾吗？小鱼小虾在水草的身旁游来窜去，是在玩捉迷藏吗？还有那些黑乎乎的小蝌蚪，它们不停地摇摆小尾巴，一会儿聚在一起，恰如一朵朵落在池塘里的乌云；一会儿又像小精灵般散开，那种乐不可支的模样，就像探知了一个有趣的秘密。它们究竟是从哪里来的呢？怎么突然之间就在池塘里出现了呢？我知道它们是越冬青蛙产的卵，但我更愿意相信它们是从水底突然冒出来的，这样才更神奇更刺激。哎呀呀，这些小蝌蚪又是怎么变成青蛙的呢？它们为什么不像青蛙那样是青色的，却是黑色的呢？我甚至还想研究一下"青蛙和蟾蜍的小蝌蚪究竟有什么区别"……

这些问题，是可以容我想很久的。

我趴在池塘边，一边看一边想，常常会忘了自己的存在。那天趴得久了，身体已经失去平衡，正在渐渐地朝池塘里滑，自己却浑然不知。直到脑袋栽进水里，嘴巴跟小蝌蚪们亲吻，我才猛然醒悟……幸亏池塘不深，但我浑身已经湿透。我把湿衣服拧干，晾在树枝上晒太阳，然后继续"操练"……直到"操练"够了，才穿起晒干的衣服，理了理蓬乱的头发，擦去脸上的泥巴，回家了。我原以为，这样可以瞒过母亲的。

"你又野到哪里去了？"母亲一脸怒气地看着我。

我低头不响。

"肯定又去野河浜玩了，对吗？"

"没，没有……"

母亲盯着我，从头到脚地看我，突然抓起我的一只手，用手指甲在我手背上划了一下，我的手背顿时就出现了一条清晰的印子。"还说没有，这是什么？"母亲怒吼着，顺手抓起一根竹竿，噼噼啪啪地追着我打，"叫你再去野！叫你再去野……"我一边哭一边躲闪。我不明白母亲怎么会从手背上看出了名堂，事后才知道，人的皮肤长时间浸在水里，再经风吹日晒，就能划出印子来。母亲是因为怕我出事，才严令禁止我去野河浜玩的，很显然，我的屡次食言激怒了母亲。母亲吼得凶，打得也凶，凶狠的竹竿如雨下。问题是那根竹竿不知怎么老是打偏，不是打在墙上，打在门上，就是被床架挡住，竟然一下也没打在我的身上……

母亲就是这样打了我。

对于母亲的训斥，我从来都是唯命是从。但是池塘的神秘莫测，却一次次地让我忘乎所以，第二天竟又悄悄地去了那里。我在那里捞蝌蚪，观察蝌蚪；捉金龟子，给它造房子；还给新种的桃树苗浇水……但我一转身，忽然看到母亲又站在身后。母亲是去田头劳作，经过小树林的时候发现我的："你经常蓬头垢面的，都是在这里玩？"

我惶恐不安地点点头。

母亲环顾四周，脸上渐渐有了笑容："哦，真美。想不到这个小树林这么美，池塘里的小蝌蚪真多呀！"

我见母亲笑了，心里的石头顿时落了地，马上讨好说："阿妈你看，它们已经长出小脚了，马上就要变成青蛙了。"

"那些开花的桃树都是你种的吗？"

"嗯，都已经种两年了。阿妈，桃树今年会结桃子吗？"

"三年桃子四年李，大概明年就能结桃子了吧。"

"阿妈，我还种了好多葡萄树、梅树、李树和枇杷树呢！"

"嘿，你的花头经真透！"母亲的脸上笑开了花，她爱抚地摸摸我的头，说，"你还小，以后去哪里跟阿妈说一下，让阿妈放心，懂吗？"

"嗯，记住了……"

我点着头，一股暖流从心底涌上来，滚烫的泪水"吧嗒"地落下来。

在我的记忆中，这辈子从母亲那里获得的母爱太多太多，让我最刻骨铭心、永世难忘的就有两次。一次是我六七岁时。我记得那是一个午后，我一个人睡在床上，醒来突然觉得肚子剧痛。午后的阳光穿过门缝，诡秘地照进屋，屋里空荡荡。我又难受又害怕，哭着跑出家门，在田头找到了正在劳作的母亲。母亲急坏了，连忙停下手里的活，抱着我回家。说也怪，我躺在母亲温暖的怀抱里，享受着母亲轻柔的抚摸，马上就甜甜地睡着了，肚子也不痛了。我说不明白，母亲的怀抱和抚摸，为什么会有如此神奇的魔力！几十年来，我常常在想这个问题，我想，这大概就是母爱的力量吧！还有一次就是这回，我从"母亲打我"这件事中，体会到了母亲对我的另一种爱！

小蝌蚪一群群地游过来，在我面前围成半圆，抬起头，羡慕地看着我；桃花的花瓣，经春风一吹，轻轻摇曳，那是在为我鼓掌。我顺势倒在母亲怀里，有点调皮有点诙谐有点撒娇地说："阿妈，你昨天打我的时候，一下也没有打着我。阿妈的水平太差劲……"

母亲没有回答，只是开心地笑……

四季树林

小树林看上去很普通，但在我的眼里，它的一年四季都是美的。

春天的小树林，是一朵盛开在村头的花。

这时候，所有的树木都长出了新叶子，榉树的新叶子嫩绿，石榴的新叶子棕黄，桂花树的新叶子是紫色的，石楠树的新叶子呈猩红，而樟树的新叶子有红有绿有黄有紫……所以说，这朵由各色新叶子汇聚成的花，显得格外绚丽斑斓。这时候走进小树林，会有一种被香味吞没的感觉，嫩叶散发的清香，桃花李花的芬芳，加上从农田里飘来的油菜花香……浓浓的，会把你醉倒。甚至阳光里也有香味，有香味的阳光照射池塘，连池水也是香的。小鱼小虾开心得眼睛发亮，游来窜去嬉闹，还不停地跃出水面，想亲亲太阳。

夏天的小树林，是一把撑起在村头的伞。

这把伞，为整个池塘撑起了一片阴凉。于是，小鱼小虾在阴凉的池水里悠悠散步；红蜻蜓好像睡着了，停在水面一动不动；洞口的小螃蟹肯定在做美梦，否则怎么会吐出那么多泡泡呢？……一切都因为阴凉而宁静，唯有不知足的蝉儿，还在一刻不停地鸣叫："热死了！热死了……"于是就引来了树叶的"哗啦啦"和青蛙的"呱呱呱"，那是对蝉鸣的取笑……

秋天的小树林，是一支唱响在村头的歌。

这支歌里有落叶的金黄，有秋虫的畅想，有瓜果熟透迸裂的"噼噼啪啪"，更有从小树林边经过的扁担"嘎吱嘎吱"响……这个季节，池塘边还会冒出几个高高的稻垛，一群群鸟儿在小树林和稻垛之间飞来飞去，那是鸟儿对于人类丰收成果毫不客气的分享。

冬天的小树林，是一张被遗忘在村头的网。

这张网是由落叶树织成的。经过严寒和霜打之后，榆树和榉树等落叶树都变成了没有叶子的树。没有叶子的树枝，或笔直，或交织，有规律地向上延伸；延伸至树梢，细密如雾，于是就形成了一张悬在半空的网。没有叶子的树，好像有点孤单。殊不知，这是树叶故意所为，好让出空间让太阳照透池塘，为小鱼小虾制造温暖的港湾。没有叶子的树，好像有点凄凉。是的，这种凄凉表现为线条的简单。但恰恰因为这种褪尽了繁杂和多余的简单，才使人们感受到了一种诗意。有一种美丽就叫简单！

我不知道这片小树林究竟施了什么样的魔法，让我如此着迷。有时候，我甚至会突发奇想：究竟是树林里的池塘吸引了我，还是池塘边的树林吸引了我？我究竟爱池塘边的树林多一些，还是爱树林里的池塘多一些？如果没有了池塘，我还会那么爱这片树林吗？如果没有了树林，我还会那么爱这个池塘吗？……有一天，我忽然明白：如果没有了树林，孤零零一个池塘纵然能够碧水涟涟，是不是少了许多繁茂和活力？如果没有了池塘，浑浑然一片树林纵然可以绿意葱茏，是不是少了许多秀丽和灵动？所以说，池塘边的树林牵手树林里的池塘，才是最赏心悦目的和谐！

我常感恩于我的命运，感恩于我的童年会拥有如此美丽的一片小树林。我甚至在成人后时常问自己：如果没有这片小树林跟你的童年相伴，你会是一个怎样的人呢？你会具有一种怎样的品格和心智？你还会钟情于大自然，钟情于文学吗？

把秘密藏在秘密里

我是偶然发现这个秘密的。

那天，我在"空中躺椅"上看书累了，忽然心血来潮，想把老榆树当作滑梯，尝尝从老榆树上滑下来的滋味。我从树上滑下来了，很顺利地马上就要双脚落地，可是怪了，在离地大约一米的地方，一只脚被什么东西托住了。我有点紧张，小心翼翼地跳下地，哇，原来是一个树洞，我的脚是被树洞口托住的。那树洞被四周茂密的枝叶遮掩着，我竟没有发现。我拨开枝叶仔细一看，看到树洞很大，两只大肥猫躲进去也绰绰有余。看样子，这棵老榆树长到一米高的时候，被谁掐断了头，后来在断头处又长出两个新芽，两个新芽渐渐合抱一起，长成大树，于是枯死的部分就变成了这个树洞。

哈，我在我的秘密花园里，又发现了一个秘密！

我高兴得围着树洞转来转去。看来这是上帝的恩赐！对于一个酷爱树林酷爱大自然的孩子来说，上帝总会毫不吝啬地赐予他一些什么！我感谢上帝让我发现了这个秘密，我开始谋划怎样利用这个秘密。我坐在树洞旁想了半天，忽然就想到了家里的那个纸板箱！

那个纸板箱可以说是我最早的秘密花园，里面收藏了我所有最心爱的玩物。这些玩物没有一样是从商店买的，那时候的孩子也没有钱买玩具，都是自己做。什么木头手枪、水枪、木头大刀、木头宝剑、弹皮弓……甚至捡到铁丝、瓦片、糖纸、橄榄核什么的，我也会收藏起来。还有就是弹子，打弹子是我们那时的男孩必玩的游戏，而每次打弹子我总能赢。赢的是些什么呢？除了弹子就是香烟牌子。所以我的纸板箱里积攒了许多五颜六色的弹子和有趣的香烟牌子。尤其是香烟牌子，《梁山好汉》和《三国演义》，我几乎积攒了全套；除了少数是为了配套而买，大部分都是打弹子赢来的。纸板箱里最吸引人的还是书和连环画册。连环画册主要是《水浒传》《岳飞传》《杨家将》和《三国演义》等。书的种类就多了，凡是书，甚至小学一年级的课本和簿子，我都收藏着。有的书破烂得只剩下了半本，我也舍不得扔掉；哥哥读过的课本，我也会占为己有……所以说这个纸板箱简直就是个百宝箱！正因为里面的宝贝多，所以也就格外引人注目。我的那些外甥每次来做客，总是对我的纸板箱虎视眈眈。他们开始还比较客气，只是翻开纸板箱好奇地摸摸、看看。但到后来就不对了，在母亲的支持下，他们终于挡不住诱惑，开始无所顾忌起来。他们把我的纸板箱翻了个底朝天，所有的宝贝撒满一地。他们又是看又是玩，看够玩够，回家还要挑选几样最喜欢的东西带走……所以，每次外甥们来，我就要为那些宝贝的命运胆战心惊！

这就是我发现了树洞以后，会忽然想起我的纸板箱的原因。你想想，有了这个树洞，我还怕什么呢？我不需要胆战心惊了，我可以把这个树洞当作我的"秘密藏宝洞"；每次外甥来，就把纸板箱里的宝贝，神不知鬼不觉地转移到这个"秘密藏宝洞"里，岂不是太平无事？

"把秘密藏在秘密里"就是这么来的。

我曾为自己具有如此独特的想法而扬扬得意。问题是，看着外甥们围着空空的纸板箱，流露出迷惑和失望的时候，我的心里说不出是一种什么滋味，说暗自庆幸吧，有点；但更多的却是惶恐不安，甚至有点失落。

终于，外甥们搬来了救兵："外婆，小舅舅纸板箱里的那些东西呢？"

母亲翻开纸板箱看了看，也觉得奇怪，问我："你的那些'天统'呢？"（"天统"是母亲对我那些玩物的爱称。我至今都不明白母亲为什么把它们称为"天统"。要是有人指着这些玩物问起的时候，母亲总是笑眯眯地说：那是小弟的"天统"。）

此刻，我只能涨红了脸，低头不响。

母亲明白了，脸上顿时出现了怒气："你就独福吧！独福，独福，独到后来只剩下独苦！"

我震惊了。母亲一向看不起自私的人，把自私自利、只顾自己享受的人称为"独福"。想不到这次却把"独福"这个词用到了自己儿子的身上！这天，所有的快乐都被我的"独特想象力"搅散了。我独自闷闷不乐地想着，想着；最后，悄悄地跑到我的秘密花园里，把藏在"秘密"里的"秘密"，又搬回了纸板箱里……

搬回来是对的。对于一个惊悟了独享的痛苦，懂得了分享可以带来快乐，并且还可以从别人的快乐中为自己获取更多快乐的孩子来说，只有把"秘密"搬回去才是最好的选择。

至于那个"秘密藏宝洞"，我当然不会放弃，只是偶尔用来存放弹皮弓、噼啪枪之类的东西和一些未读完的书……

喜 鹊 一 家

弹皮弓，是一种乡村男孩必不可少的玩具。在腰间别上一把制作精良的弹皮弓，时不时地举起它，朝着飞鸟瞄了又瞄，那种神气活现、耀武扬威的模样，好像他有天大的本事，能打下所有的飞鸟。其实不然，弹皮弓只是男孩们的"收藏"炫耀，玩玩而已，反应灵敏、飞行快速的鸟儿哪有这么好打的。要是有一天哪个男孩真的打下了一只飞鸟，他肯定会被伙伴们尊为英雄，全村都会轰动的。

还有一种叫"噼啪枪"。这种枪的制作方法很简单，截取一节浑圆的竹管，两头打通，再削一根竹筷做枪栓，一把"噼啪枪"就做成了。子弹哪里来呢？可以用棉花球，在竹管的前端和后端各塞一个，然后用竹筷做成的枪栓猛推后端的棉花球，一股气浪就会把前端的棉花球猛地冲出竹管，"啪"的一声响，打得很远。用棉花球做子弹毕竟有点浪费，而且做成大小合适的棉花球也不是很容易，所以我们更多的是就地取材，用一种百响籽树的籽当子弹。百响籽，顾名思义，它的籽多，又能发出声响，好像是专门为我们的"噼啪枪"准备的。我们村里的百响籽树很多，我的小树林里就有一棵，一到春夏，一串串滚滚圆的青色树籽挂满枝头。所以，只要你做成了一把合适的"噼啪枪"，弹药充足，永远也打不完……

老榆树上的那个喜鹊窝，应该很早就有了吧。一对喜鹊夫妇住在里面。

兴许是我的进入，给这对夫妇带来了某种威胁，所以各种各样的警告时时袭来：先是在头顶盘旋鸣叫，意思是让我离开；见我无动于衷，警告就开始升级，一堆鸟粪会莫名其妙地落在我的"空中躺椅"上，差点弄脏我的衣服……

这就有点怪了，喜鹊平时很"亲人"的，恶作剧可不是它的本性呀！喜鹊又是一种吉祥鸟，"喜鹊叫，喜事到"就是这个意思。所以，我们一般不会打喜鹊，更不会去掏喜鹊窝。可是这对喜鹊夫妇的行为真的是惹恼了我，于是我掏出"噼啪枪"，朝着喜鹊窝"噼噼啪啪"一阵猛射。其实我很清楚，"噼啪枪"虽然声响大，威力却不怎么样，绝对伤不了喜鹊窝。我对着喜鹊窝放枪，只是想吓唬吓唬它们，出一出心里的气而已。可是这对喜鹊夫妇好像并不领情，它们不停地绕着喜鹊窝盘旋，眼睛死死地盯着我，做出随时俯冲的架势；过了一会儿，又有一堆鸟粪莫名其妙地落在我的头上，弄得我狼狈不堪……

盛怒之下，我毫不犹豫地掏出了弹皮弓。如果说"噼啪枪"是小手枪的话，那么弹皮弓就是我们的重型武器了，打上三五枪，一准能将喜鹊窝击穿。

我装上子弹，拉紧橡皮筋，正准备发射，却被眼前的景象惊呆了——我看到从喜鹊窝里探出六颗小脑袋，它们肉肉的、粉粉的，吃力地摇晃脑袋，眼睛都还睁不开……啊，原来这对喜鹊夫妇生小宝宝了！它们做喜鹊爸爸和喜鹊妈妈了！它们拼死不肯飞离喜鹊窝，不断地警告我，只是为了呵护自己的小宝宝，呵护六个刚出生的柔弱的小生命呀！

举着弹皮弓的手，就这么僵硬在空中。很久很久，我才想到收回弹皮弓，然后从"空中躺椅"上爬下来，一步三回头地回家了。我不忍心再打搅它们，我不想它们再受到惊吓。

连续两天，我都不敢去小树林，但我心里却一直惦着小树林，惦着小树林里的喜鹊爸爸、喜鹊妈妈和六个可爱的喜鹊宝宝。到第三天的时候，我终于又去小树林了。兴许是命运注定我跟它们有缘，我一到小树林，就看到了惊心动魄的一幕：只见喜鹊爸爸和喜鹊妈妈一边"叽叽喳喳"地惊叫，一边正跟一只黄色的大鸟对峙着。大鸟一次又一次地朝着喜鹊窝俯冲，喜鹊爸爸和喜鹊妈妈则奋力地向大鸟扑去……我心头一惊，这不是伯劳鸟吗？在我们上海郊区，伯劳鸟是一种很凶恶的鸟。它骄横霸道，欺负弱小，人捉它，它还敢咬人。最为可恶的是，它常常抢吃鸟蛋和刚孵化的鸟宝宝，甚至会在肚子饿极了的时候，把自己的母亲也吃掉，所以人们又叫它们"吃娘鸟"！此刻，这个无耻的家伙肯定是看中了喜鹊窝里的六个喜鹊宝宝了，它要对六个小生命下毒手呢！而喜鹊爸爸和喜鹊妈妈是绝对抵抗不了伯劳鸟凶狠的进攻的。我连忙掏出弹皮弓，装上子弹，朝着伯劳鸟"嗖嗖嗖"连续射击。我的子弹虽然没打着黄八朗，但也抑止了它的嚣张气势。伯劳鸟见有人相助，只得悻悻地飞走了……

这天晚饭时，我兴奋得弹皮弓不离左右——看见乌鸦追麻雀，我就放下饭碗，举起弹皮弓吼叫："不许欺负麻雀，小心我弹你！"听见黄狗朝着小猫"汪汪"叫，我又举起了弹皮弓："叫什么叫，伯劳鸟都怕我呢！"……

哥哥取笑我："你今天打到了几只鸟？"

"没打着。"

"没打着鸟，为啥这么兴奋？"

"就是兴奋！"

说实在的，我自己也说不清楚为什么这么兴奋，我只是觉得心里热乎乎的，有一种甜蜜的东西在涌动。当一个小生命因为自己的呵护得以健康成长的时候，就会感到很自豪，自豪的同时，自己也成长了；同时，一定会在内心产生一种责任感。这些道理，对一个八九岁的孩子来说，确实是说不清楚的。

这以后，我成了喜鹊爸爸、喜鹊妈妈和六只喜鹊宝宝的保护神，每天都去小树林站岗。伯劳鸟再也没敢来。喜鹊爸爸、喜鹊妈妈更不会用盘旋鸣叫和鸟粪来"招待"我。我有时悄悄抬头一瞥，会看到喜鹊爸爸、喜鹊妈妈和六只喜鹊宝宝，齐刷刷地趴在鸟窝边沿，感激地看着我……

在树上唱歌

通常情况下，青蛙在池塘里唱歌，蜜蜂在花丛里唱歌，蟋蟀、纺织娘和油葫芦在草丛里唱歌，在树上唱歌的恐怕只有鸟儿和知了，哪有人到树上唱歌的？然而千真万确，我确实曾经跑到我的小树林里，爬到一棵老榆树上唱歌，而且大唱特唱，一唱就是两年。

事情的起因是一次学校庆祝国庆的联欢会。联欢会上有个节目叫《祖国颂》大合唱。那是高三年级的压台戏。那年我读初二，早就听说高三有个男生和一个女生唱歌非常好听，所以就急切地等待着《祖国颂》的演出。果然，节目一开场，就把全场的气氛推向了高潮。

气势宏伟的前奏一结束，那两个唱歌非常好听的男生和女生，就轮流上场领唱了。

江南丰收有稻米，江北满仓是小麦，高粱红呀棉花白，密麻麻，牛羊盖地天山外……

他们领唱的时候，大礼堂里的所有人都好像屏住了呼吸，眼睛睁得大大的，耳朵竖得长长的，全场鸦雀无声，只有那两个男生女生优美动听的歌声在礼堂里回荡。我特别喜欢那个男生，他的声音清脆明亮，委婉高远，再加上他那俊秀的脸庞和潇洒的身姿，说把我唱得激情澎湃、心驰神往是一点也不过分的！后来我连续好几天都在下课后偷偷跑到高三年级的教室外，看那个男生和那个女生。他们成了我崇拜的偶像，我成了他们的铁杆粉丝。再后来，就传出消息，说那个男生被上海合唱团看中，那个女生被上海音乐学院录取……我的心里真是羡慕得不得了，想想自己的歌喉也不错，如果将来也能被上海合唱团看中，或者被上海音乐学院录取，那该多好呀！

当个歌唱家——这个美丽的梦想，就这么在我心底扎下了根。

谁都知道，当歌唱家除了天赋，天天练唱是必须的。这就给我出了个难题：我从小就胆小，怕难为情，平时在生人面前一说话就脸红，如今要我在大庭广众之下，旁若无人、毫无顾忌地唱歌，岂不是要我的命？在家里也不行，偶尔哼一两句还可以，要是一本正经地唱，肯定会被哥哥姐姐、侄子侄女们笑话。即使家人全部外出、我独自在家的时候也不行，你想想，左邻右舍听到了，还以为我有病。那么就去野外田头唱歌如何？我试过几次，曾经在我家菜地里唱歌，唱着唱着，走过一个村民，他用异样的眼光看我，弄得我很尴尬，恨无地洞可钻。最后终于想到了我的那片小树林，我决定爬到小树林的老榆树上去唱歌！这真是一个很聪明的绝妙选择：小树林离村子远，很少有人去的，我可以放开嗓子唱，也不会有人听见。而且，爬到树上唱歌还能让自己产生一种登台表演的感觉，很容易进入状态；爬到树上唱歌站得高看得远，一旦看到有人远远地走过来了，我可以马上压低嗓音，甚至暂时不出声，等来人过去了，再重新放开嗓子大声唱……

我就这么开始了在树上唱歌的有趣经历。

想想就觉得好笑，我最初的歌唱舞台竟是一片小树林，我的那棵老榆树。我最初的舞台搭档，竟然是小树林里的鸟儿、知了，池塘里的青蛙，还有草丛里的蟋蟀、纺织娘、油葫芦……它们既是我的舞台搭档，又是我的忠实听众；我是它们崇拜的偶像，它们也乐于做我的铁杆粉丝。常常是这样，每当我在老榆树上放声高歌的时候，鸟儿、知了、青蛙、蟋蟀、油葫芦和纺织娘们，就全都不叫了。它们突然集体静音，一定是被我的歌声感染了，陶醉了，是在全神贯注、聚精会神地倾听呢！而当我唱累了，躺在我的"空中躺椅"上休息、读书的时候，这些小家伙们又全都兴高采烈地鸣唱起来。你听，鸟儿"叽叽喳喳"地唱，青蛙"呱呱呱呱"地唱，蟋蟀"嚁嚁嚁嚁"地唱，知了不停地唱"热死了热死了"……此起彼伏，热情奔放，那是对我激情演唱的热诚回报。也可以这么理解，我的领唱完毕，它们的合唱开始了……我们真是一个训练有素的合唱团，最佳舞台搭档！

整整两年，我在老榆树这个独特的"歌唱舞台"上出尽了风头。

江南丰收有稻米，江北满仓是小麦，高粱红呀棉花白，

密麻麻，牛羊盖地天山外……

曾经感动了我的《祖国颂》，早已被我唱得滚瓜烂熟、声情并茂。我还学会了当时流行的所有歌曲，甚至拿到一个新歌谱，自己练几遍就能唱得像模像样……我自我感觉，自己的歌唱水平好像已经不亚于那个被上海合唱团看中的高三男生了。我暗暗高兴，开始耐心地等待机会，我等待着上海合唱团到学校来物色演员，等待着上海音乐学院到学校来招生。我连续好几次做梦，梦见自己已经不在树上唱歌了，而是潇洒地站在有聚光灯照射、背后有庞大合唱团伴唱和宏伟交响乐

伴奏的学校大礼堂的舞台上领唱……有一次，大哥带我们几个（包括小林根、阿三和罗铭思等）逛淮海路，走过一个有围墙、有洋房、有高高香樟树的大院的时候，大哥说，这里就是上海音乐学院。我听了心里一热，差点儿说出这样一句话："我以后可能会被音乐学院录取。"可我强忍住没说。我怕我说了，会被他们笑死，更会被罗铭思这家伙"咋呼"得全校都知道，让我丢尽脸面。唉，也幸亏我没说，我从初二等到初三，等了一个学期又一个学期，并且还几次三番转弯抹角地去老师那里探听招生消息，结果都以失望告终。这两年里，无论是上海合唱团，还是上海音乐学院，都没有人到学校来过。一直等到初三毕业，我才不得不带着遗憾离开了母校，开始了另一种生活……

　　我最终没能成为一个歌唱家，但在树上唱歌的童年经历，却让我享受至今！

在树上看自己的村庄

我照例走进我的小树林，爬上了那棵高高的老榆树。

但计划中，我今天不是去小树林看书的，而是想看看自己生活的那个村庄，看看在树上看村庄是一种什么样的感觉。请注意，是看村庄，不是看书，也不是看天空，所以不能像往常那样，优哉游哉地躺在老榆树的"空中躺椅"上，而是应该爬到树高处看。树高，再加上小树林所在的地基很高，从上往下看，往远处看，这样，树下的一切和整个村庄就在你的眼皮底下了。

我挑选了一个粗壮牢固的枝丫，爬上去，骑在上面，让繁密的枝叶包围自己——别人看不见我，我却能透过枝叶看到别人，看到树下，看到不远处的整个村庄。我就这么在繁密的枝叶里静静地呆呆地看着，似乎在等待着什么。

不一会儿，我看到母亲扛着锄头远远地走过来。她是在棉花地里锄草，现在收工了，要赶回家做晚饭。母亲走过自家自留地时，顺便拐进去拔了一把大蒜，又摘了几个番茄。我顿时流出了口水，知道今天晚饭的菜，肯定有大蒜炒鸡蛋和番茄土豆榨菜汤。

小林根和罗铭思也走过来了。这两个家伙裤腿卷得高高的，浑身都是泥浆，就像两条黑泥鳅！小林根提着一只铅桶乐滋滋地走在前面，罗铭思则提着拷斗和面盆，傻乎乎地紧随其后。他们肯定又去拷浜头捉鱼虾了，看他们喜笑颜开的样子，大概收获不小吧？

随着扁担"咯吱咯吱"响，堂叔挑着两筐青菜，也从树下走过。堂叔在上海市区小菜场有个摊位，所以每天下午挑菜，晚上洗菜，隔天天蒙蒙亮到市区小菜场卖菜，是他的必修课。

突然有人一路骂骂咧咧地走过来，仔细一看，原来是李素芳的母亲，我叫她婶婶。婶婶热情豪爽，就是性子急，脾气不大好。我听不清她在骂什么，只知道她从自家的自留地方向走来，所以我猜测，估计是有人偷了她家自留地里的东西，惹火了她。

……

就像看电影，我津津有味地看着这一幕幕从我的树下出现，表演，然后谢幕消失……他们都是我的亲人、邻居，是我最熟悉最亲密的伙伴，可是从树上看下去却变得那样陌生、新鲜，那样奇异，就像不认识似的……真是奇怪，把自己藏在老榆树的繁密枝叶里，仿佛到了另一个世界。

这时，突然一道红光照进小树林，我知道已到傍晚，夕阳驾到了！我的心情不由得兴奋起来，因为每逢夕阳驾到，村庄就会兴奋起来。你看，天空红了，房子红了，房子前面的场地红了，场地边上的河浜红了，河浜两岸的树木、柴垛也红了，门口摇着尾巴的狗和等待归宿的鸡鸭也红了，就连人们的脸也是红的……整个村庄都笼罩在红光里。而这红光，就像幕布拉开后骤然出现的舞台灯光，把村庄照得格外温柔鲜艳，甚至有点朦胧浪漫。我看见，村里的人们，尤其是我的那些小伙伴们，都不约而同地来到了场地。那个场地是村里的娱乐中心，聚会、唱戏、婚丧，都离不开这个场地。它更是我们孩子的游戏场所，冬天晒太阳、挤墙角、跳绳、踢毽子……夏天乘凉、讲故事、玩金龟子、萤火虫……每天都会有精彩节目吸引你。而此刻，小伙伴们正在红红的夕阳里，嘻嘻哈哈地玩着"老鹰捉小鸡"。一些不屑于玩"老鹰捉小鸡"的大男孩，则在一边玩斗鸡、打弹子……小林根和罗铭思他们真是精力充沛，拷浜捉鱼累了一天，这会儿又拉了几个大男孩，精神抖擞地打起了弹子！我家的西门正对着这个场地，所以场地上发生了什么，玩什么游戏，我总是最先知道。当然，我也必定是其中的一员，我跨出门就可以加入各种游戏的行列……

让人觉得滑稽的是，我现在却高高地骑在老榆树的枝丫上，远远地看他们"老鹰捉小鸡"，看他们斗鸡、打弹子，就像看一个美丽的童话，我的那些小伙伴变成了童话世界里的小矮人！

这个童话是看不够的，它不断地更换着内容，让你永远也不会觉得厌倦。

不一会儿，家家户户厨房的烟囱里冒出了炊烟。炊烟慢慢悠悠地飘向天空，不知是在送别夕阳回家呢，还是想盛情邀请夕阳吃晚饭？

又过了一会儿，各种各样的香味，从家家户户的厨房里飘出来，有韭菜大蒜的香味，有辣椒炒豆腐干的香味，有红烧肉的香味，有煎鱼的香味……我想，母亲大概已经做好了大蒜炒鸡蛋，小林根捉到的鱼虾，也可能已经被他母亲端上了餐桌……

再过了一会儿，夕阳谢绝了炊烟的盛情邀请，慢慢落山回家了。天渐渐暗了下来，大人们开始喊各自的孩子回家吃饭，场地上的人越来越稀少。我看到罗铭思是跟着小林根走的。这就有点奇怪了，罗铭思家在北面，小林根家在南面，罗铭思怎么不回自己的家吃饭，却跟着小林根走呢？哦，对了，可能是罗铭思帮小林根捉鱼有功，小林根的母亲犒劳他共进晚餐吧？罗铭思这家伙去别人家蹭饭，从来都不会觉得难为情。他常常会很爽快地答应，还能在吃饭之际不断咋呼，咋呼出许多笑话，把气氛弄得很活跃。所以大家也喜欢他去蹭饭……

想着罗铭思蹭饭，我自己的肚子也饿了，"咕噜噜，咕噜噜"叫起来。正巧看见母亲站在西门口，手搭凉棚，寻找着什么，喊叫着什么。我从母亲的嘴型应该知道，母亲也在喊我了，要我回家吃饭呢。

于是我从老榆树上爬下来，慢慢地走回家，心里却还在兴奋地幻想：太神奇太有趣了！把自己藏在老榆树的枝叶里看自己的村庄，怎么就看到了那么多以前看不到的美丽呢？

我沉浸在幻想里，几乎是飘浮着回家的。

找回你的秘密花园

这就是我的秘密花园里演绎的一个个故事，还有许多许多……

这种秘密花园常常是一个儿童的"幻想之角"，是想象力的最初发源地，是他们的童年梦想，是他们的童话世界。做过梦的儿童是幸福的，他们会在那里萌生出许多美丽梦幻、稀奇古怪、令人难以置信的想象，来满足自己的好奇心和成就感！细细想来，一个航海家最初的探险欲望，一个画家最初的色彩感觉，一个发明家最初的发明冲动，一个作家最初的创作灵感……也许都来自于他们的秘密花园吧。我的秘密花园就是这样，它培养了我对大自然一草一木的深情，成就了我对生命的独特体察，成就了我的阅读兴趣和文学梦，成为我日后从事儿童文学创作取之不尽的源泉！甚至可以这么说，我的许多童话、诗歌和散文的想象灵感，几乎直接产生于我的那片小树林！

这种秘密花园只有儿童和保持着童心的人才能发现，他们为之兴奋、为之憧憬、为之痛恨、为之担心的东西，有些大人往往永远也不会明白这有多么重要。然而现在的许多儿童好像逾越了秘密花园，逾越了童话世界，一下子就来到了成人世界！他们曾经为搭建一座梦幻的城堡而收集的砖块泥沙和木板铁钉，他们津津有味亲手制作的木刀、木枪和飞机大炮，全被收掉了；他们喜爱的小鸟小猫、小鸡小鸭和在河里自由游弋的鱼儿等，也被赶走了；他们曾经随时可以吃到营养丰富的野果、野菜和粗粮，他们常去高山旷野奔跑玩耍、常入河湖港汊游泳锻炼，也被现代化的汽车和各种补品所取代……他们内心的渴望和丰富幻想，被沉重的学业负担和现代的世俗功利，逼迫到了一个狭窄的角落……

我跟女儿偶尔讲起我童年的秘密花园，她竟听得目瞪口呆、羡慕不已！

不管你是专家学者还是莘莘学子，不管你位高权重还是普通百姓，恐怕都会在你的秘密花园里有所收获。当你走进一代文学大师鲁迅的故居，站在"百草园"前沉思的时候，你就会更加豁然开朗了——啊，"百草园"不就是鲁迅童年的秘密花园吗？鲁迅从自己的秘密花园里采集种子，播撒到了世界人们的心田……

那么你的秘密花园是什么呢？快找一找吧，找回你的秘密花园，你就可以找回那些在成长过程中失去了的宝贵东西，找回那些像梦一样的诗，像诗一样的梦；你就可以重新焕发想象力，你就可以回到本该属于自己的心灵世界，用儿童的眼睛去发现世界，慢慢咀嚼、细细品味最天性率真、最原汁原味的东西，让它们成为一颗颗萌动的种子，在春天里生根发芽。